MODELAGEM MATEMÁTICA: TEORIA, PESQUISAS E PRÁTICAS PEDAGÓGICAS

SÉRIE MATEMÁTICA EM SALA DE AULA

inter
saberes

Anderson Roges Teixeira Góes

Heliza Colaço Góes

MODELAGEM MATEMÁTICA: TEORIA, PESQUISAS E PRÁTICAS PEDAGÓGICAS

2ª edição revista e atualizada

inter saberes

Rua Clara Vendramin, 58 . Mossunguê . CEP 81200-170 . Curitiba . PR . Brasil
Fone: (41) 2106-4170 . www.intersaberes.com . editora@intersaberes.com

Conselho editorial – Dr. Alexandre Coutinho Pagliarini
Drª Elena Godoy
Dr. Neri dos Santos
Mª Maria Lúcia Prado Sabatella

Editora-chefe – Lindsay Azambuja

Gerente editorial – Ariadne Nunes Wenger

Assistente editorial – Daniela Viroli Pereira Pinto

Edição de texto – Caroline Rabelo Gomes
Novotexto

Capa – Charles L. da Silva (design)
Tartila/Shutterstock (imagem)

Projeto gráfico – Bruno Palma e Silva

Diagramação – Estúdio Nótua

Iconografia – Regina Claudia Cruz Prestes

Dados Internacionais de Catalogação na Publicação (CIP)
(Câmara Brasileira do Livro, SP, Brasil)

Góes, Anderson Roges Teixeira
Modelagem matemática : teoria, pesquisa e práticas pedagógicas / Anderson Roges Teixeira Góes, Heliza Colaço Góes. -- 2. ed. rev. e atual. -- Curitiba : Editora Intersaberes, 2023. -- (Série matemática em sala de aula)

Bibliografia.
ISBN 978-85-227-0376-0

1. Matemática – Estudo e ensino 2. Modelos matemáticos 3. Prática de ensino I. Góes, Heliza Colaço. II. Título. III. Série.

22-140595   CDD-510.7

Índice para catálogo sistemático:
1. Matemática : Estudo e ensino 510.7

Cibele Maria Dias – Bibliotecária – CRB-8/9427

1ª edição, 2016.
2ª ed. rev. e atual, 2023.

Foi feito o depósito legal.

Informamos que é de inteira responsabilidade dos autores a emissão de conceitos.

Nenhuma parte desta publicação poderá ser reproduzida por qualquer meio ou forma sem a prévia autorização da Editora InterSaberes.

A violação dos direitos autorais é crime estabelecido na Lei n. 9.610/1998 e punido pelo art. 184 do Código Penal.

Sumário

Apresentação 7

Como aproveitar ao máximo este livro 11

1. Modelo *versus* modelagem 17

    1.1 Modelo 18

    1.2 Modelagem matemática 28

2. Modelagem matemática na educação 47

    2.1 Utilidade da modelagem matemática 47

    2.2 Como fazer modelagem matemática 52

    2.3 Identificação das etapas da modelagem matemática em uma prática docente 57

3. Ensino e aprendizado por meio da modelagem matemática 67

    3.1   Prática docente envolvendo modelagem matemática na educação infantil 67

    3.2   Prática docente envolvendo modelagem matemática nos anos iniciais do ensino fundamental 71

    3.3   Prática docente envolvendo modelagem matemática nos anos finais do ensino fundamental 77

    3.4   Prática docente envolvendo modelagem matemática no ensino médio 82

    3.5   Prática docente envolvendo modelagem matemática no ensino superior 87

4. Modelagem matemática e interdisciplinaridade 99

    4.1   Abordagens educacionais 99

    4.2   Modelagem matemática na abordagem interdisciplinar 111

5. Modelagem matemática em diferentes perspectivas pedagógicas 123

    5.1   Perspectiva sociocrítica 124

    5.2   Perspectiva construtivista 132

6. A pesquisa no ensino e a modelagem matemática 143

    6.1   Breve introdução à pesquisa no ambiente escolar 144

    6.2   Pesquisa quantitativa 147

    6.3   Pesquisa qualitativa 154

    6.4   Considerações sobre as pesquisas qualitativa e quantitativa 159

Considerações finais 167

Referências 169

Bibliografia comentada 179

Respostas 183

Sobre os autores 191

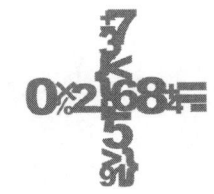

Apresentação

Esta obra foi elaborada como instrumento facilitador para estudantes e pesquisadores de matemática, com a finalidade de garantir aos futuros profissionais dessa área melhores condições de ensino e aprendizado.

Decidimos escrever um texto leve, sem perder a fundamentação nos documentos oficiais e demais obras presentes na literatura relacionadas aos temas aqui abordados. Dessa forma, em diversos momentos do texto, chamamos a atenção para a prática docente, indicando e mostrando a importância dos temas apresentados. Buscamos associar a teoria e a prática, que podem ser encontradas em todo o material, seja por meio de exemplos, seja por meio de sugestões de leituras complementares.

Nosso objetivo principal é apresentar uma das tendências da educação matemática: a modelagem. Essa tendência, além de ser uma estratégia no processo de ensino-aprendizagem de matemática, permite a interdisciplinaridade entre temas do cotidiano do estudante. Isso ocorre porque, para a resolução dos questionamentos que surgem durante o desenvolvimento dos trabalhos, os estudantes precisam buscar em outras áreas a solução para os problemas que apenas a matemática não é capaz de resolver.

Assim, no Capítulo 1, tratamos da diferença entre modelo e modelagem, com enfoque em dois contextos: (1) na educação e (2) em outras áreas do conhecimento. No Capítulo 2, abordamos a modelagem matemática como tendência para o ensino e a aprendizagem da matemática, indicando diversos autores que a conceituam e as etapas que caracterizam o trabalho em sala de aula. No Capítulo 3, analisamos práticas pedagógicas em que evidenciamos a modelagem matemática nos diversos níveis de ensino, da educação infantil ao ensino superior.

As diferenças entre as abordagens disciplinar, multidisciplinar, pluridisciplinar, interdisciplinar e transdisciplinar são enfocadas no Capítulo 4, como base nos estudos de Ivani Fazenda (2011, 2012). Já no Capítulo 5, destacamos a modelagem matemática nas perspectivas pedagógicas sociocrítica e construtivista, de modo a refletir sobre a prática pedagógica e o modo de elaborar o planejamento, propondo aos estudantes uma aprendizagem que faça sentido, uma vez que essas perspectivas norteiam o papel do docente.

Por fim, no Capítulo 6, apresentamos a diferença entre as pesquisas qualitativa e quantitativa, evidenciando como cada uma delas pode ser utilizada pelo professor ou pesquisador na análise do trabalho desenvolvido com a modelagem matemática. Também mostramos como essas abordagens de pesquisa podem aparecer durante o desenvolvimento da modelagem matemática, e não somente para a análise de resultados.

No decorrer da obra, você encontrará convites para realizar leituras de outros textos que complementam o exposto, pois decidimos apresentar a essência de cada assunto, mas pesquisa e ampliação são essenciais. Após todo esse percurso, ao final de cada capítulo, você avaliará seus conhecimentos na seção "Atividades de autoavaliação", com as quais poderá verificar se compreendeu os tópicos apresentados. Por fim, também no fechamento de cada capítulo, apresentamos a seção "Atividades de aprendizagem", na qual você poderá refletir sobre questões relacionadas ao conteúdo que foi abordado no texto.

Sinta-se convidado a refletir sobre os temas abordados e como eles podem auxiliar a profissão de docente que ensina, e não apenas expõe, matemática.

Pensamos este livro para ser um guia de estudos sobre os temas apresentados, mas esperamos de você determinação, leitura, ideias, registros e pesquisa. Um forte abraço e desfrute ao máximo da leitura!

Como aproveitar ao máximo este livro

Empregamos nesta obra recursos que visam enriquecer seu aprendizado, facilitar a compreensão dos conteúdos e tornar a leitura mais dinâmica. Conheça a seguir cada uma dessas ferramentas e saiba como elas estão distribuídas no decorrer deste livro para bem aproveitá-las.

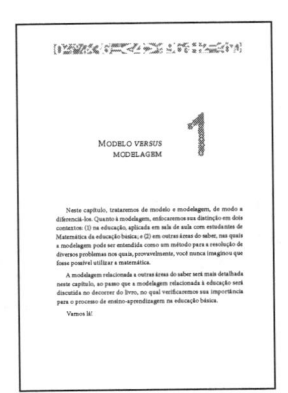

Introdução do capítulo

Logo na abertura do capítulo, informamos os temas de estudo e os objetivos de aprendizagem que serão nele abrangidos, fazendo considerações preliminares sobre as temáticas em foco.

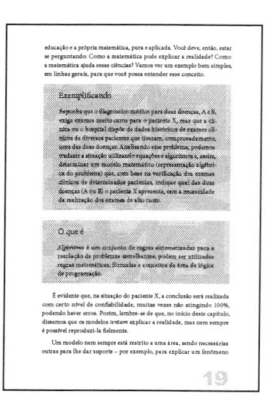

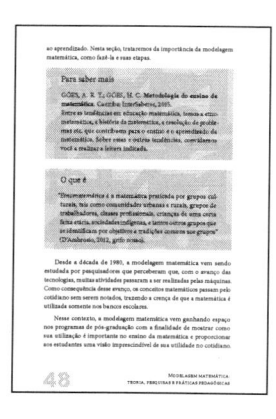

Exemplificando

Disponibilizamos, nesta seção, exemplos para ilustrar conceitos e operações descritos ao longo do capítulo a fim de demonstrar como as noções de análise podem ser aplicadas.

O que é

Nesta seção, destacamos definições e conceitos elementares para a compreensão dos tópicos do capítulo.

Para saber mais

Sugerimos a leitura de diferentes conteúdos digitais e impressos para que você aprofunde sua aprendizagem e siga buscando conhecimento.

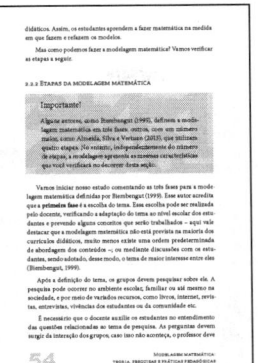

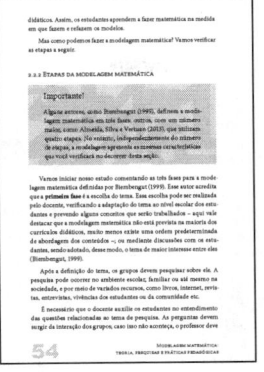

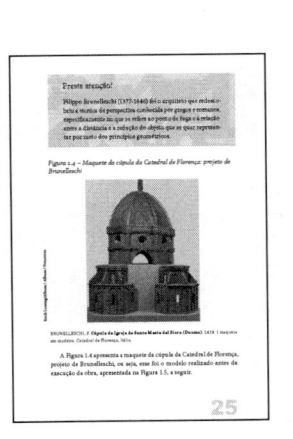

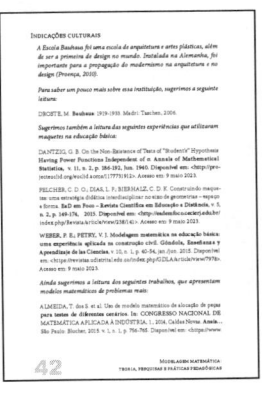

Importante!

Algumas das informações centrais para a compreensão da obra aparecem nesta seção. Aproveite para refletir sobre os conteúdos apresentados.

Preste atenção!

Apresentamos informações complementares a respeito do assunto que está sendo tratado.

Indicações culturais

Para ampliar seu repertório, indicamos conteúdos de diferentes naturezas que ensejam a reflexão sobre os assuntos estudados e contribuem para seu processo de aprendizagem.

Síntese

Ao final de cada capítulo, relacionamos as principais informações nele abordadas a fim de que você avalie as conclusões a que chegou, confirmando-as ou redefinindo-as.

Atividades de autoavaliação

Apresentamos estas questões objetivas para que você verifique o grau de assimilação dos conceitos examinados, motivando-se a progredir em seus estudos.

Atividades de aprendizagem

Aqui apresentamos questões que aproximam conhecimentos teóricos e práticos a fim de que você analise criticamente determinado assunto.

Bibliografia comentada

Nesta seção, comentamos algumas obras de referência para o estudo dos temas examinados ao longo do livro.

Modelo *versus* modelagem

Neste capítulo, trataremos de modelo e modelagem, de modo a diferenciá-los. Quanto à modelagem, enfocaremos sua distinção em dois contextos: (1) na educação, aplicada em sala de aula com estudantes de Matemática da educação básica; e (2) em outras áreas do saber, nas quais a modelagem pode ser entendida como um método para a resolução de diversos problemas nos quais, provavelmente, você nunca imaginou que fosse possível utilizar a matemática.

A modelagem relacionada a outras áreas do saber será mais detalhada neste capítulo, ao passo que a modelagem relacionada à educação será discutida no decorrer do livro, no qual verificaremos sua importância para o processo de ensino-aprendizagem na educação básica.

Vamos lá!

1.1 Modelo

Você já deve ter visto diversos textos, equipamentos e objetos que tentam representar a realidade, certo? Essas representações recebem o nome de *modelos*.

A palavra *modelo* tem diversos significados, dependendo da área de conhecimento a que se aplica. Segundo o dicionário Aurélio, *modelo* é definido, entre outros significados, como: "2. Representação em pequena escala de algo que se pretende reproduzir. 3. Protótipo de um objeto" (Ferreira, 2001, p. 467). Sua etimologia, segundo Cunha (1986), remonta ao italiano *modello*, que, por sua vez, é derivado do latim *modellus* (diminutivo de *modus*), que significa "forma", "método", "disposição" e "maneira".

Perceba, então, que os modelos procuram representar a realidade para que possamos entender seu funcionamento, seja numa visão global, seja apenas de parte dessa realidade. Para isso, podemos utilizar estruturas experimentais e até mesmo conceitos mentais. Se a realidade que se quer representar é muito complexa, ela pode ser subdividida em diversas outras, e para cada uma elabora-se um modelo. Assim, o objetivo de um modelo é ser construído de tal maneira que se possa entender a realidade de um modo mais simples e, ao mesmo tempo, mais completo e preciso possível.

Os modelos se subdividem conforme a ciência que for utilizada para tentar explicar a realidade. Em decorrência desse fato, quanto mais complexo for o modelo, maior será sua semelhança com a realidade. Entre os vários tipos de modelos há os que utilizam a matemática e, por causa disso, recebem o nome de *modelos matemáticos*.

Os modelos matemáticos procuram representar a realidade por meio de equações; no entanto, a resolução de equações nem sempre é de fácil entendimento, mesmo quando são utilizadas para representar um único fenômeno. Ainda assim, a matemática é uma das grandes aliadas nesse processo de representação. Existem pesquisas em todo o mundo que mostram a aplicação dessa ciência em diversas áreas, como física, química, biologia, economia, engenharia, demografia, medicina, psicologia, educação e a própria matemática, pura e aplicada. Você deve, então, estar se perguntando: Como a matemática pode explicar a realidade? Como a matemática ajuda essas ciências? Vamos ver um exemplo bem simples, em linhas gerais, para que você possa entender esse conceito.

Exemplificando

Suponha que o diagnóstico médico para duas doenças, A e B, exige exames muito caros para o paciente X, mas que a clínica ou o hospital dispõe de dados históricos de exames clínicos de diversos pacientes que tiveram, comprovadamente, uma das duas doenças. Analisando esse problema, podemos traduzir a situação utilizando equações e algoritmos e, assim, determinar um modelo matemático (representação algébrica do problema) que, com base na verificação dos exames clínicos de determinados pacientes, indique qual das duas doenças (A ou B) o paciente X apresenta, sem a necessidade da realização dos exames de alto custo.

O que é

Algoritmo é um conjunto de regras sistematizadas para a resolução de problemas semelhantes; podem ser utilizadas regras matemáticas, fórmulas e conceitos da área de lógica de programação.

É evidente que, na situação do paciente X, a conclusão será realizada com certo nível de confiabilidade, muitas vezes não atingindo 100%, podendo haver erros. Porém, lembre-se de que, no início deste capítulo, dissemos que os modelos *tentam* explicar a realidade, mas nem sempre é possível reproduzi-la fielmente.

Um modelo nem sempre está restrito a uma área, sendo necessárias outras para lhe dar suporte – por exemplo, para explicar um fenômeno físico, é necessário entender e utilizar conceitos da física que indicarão o que está ocorrendo no fenômeno em questão; por outro lado, o modelo matemático transformará esse fenômeno em equações, algoritmos ou objetos para que seja possível resolvê-lo ou construí-lo.

Outro tipo de modelo, muito utilizado em diversas ciências (também na matemática), principalmente na área de educação matemática, é o modelo físico, com a confecção de protótipos em escalas reduzidas, como casas, carros, usinas hidrelétricas etc.

Acreditamos que agora você pode estar pensando na maquete como modelo físico, certo? No entanto, ela é apenas um dos tipos de modelo físico. No processo de ensino-aprendizagem, podemos ter também sólidos geométricos e outros objetos, que são igualmente modelos físicos que ajudam na compreensão de conceitos escolares e científicos.

Vamos, porém, estudar um pouco sobre as maquetes, visto que esse tipo de modelo é importante para a compreensão de conceitos de diversas áreas do conhecimento. É um ótimo recurso do campo de estudos denominado *expressão gráfica* que você poderá utilizar com futuros estudantes.

> A Expressão Gráfica é um campo de estudo que utiliza elementos de desenho, imagens, modelos, materiais manipuláveis e recursos computacionais aplicados às diversas áreas do conhecimento, com a finalidade de apresentar, representar, exemplificar, aplicar, analisar, formalizar e visualizar conceitos. Dessa forma, a expressão gráfica pode auxiliar na solução de problemas, na transmissão de ideias, de concepções e de pontos de vista relacionados a tais conceitos. (Góes, H. C., 2012, p. 53)

Podemos perceber que esse campo de estudo é vasto, composto de diversos elementos que auxiliam na compreensão de conceitos, principalmente pelo fato de "materializar" conceitos abstratos em diversas áreas de conhecimento. Assim, na próxima seção, apresentamos mais detalhadamente este elemento da expressão gráfica: a maquete.

1.1.1 Maquete: um tipo de modelo físico para a educação

Maquete significa, segundo o dicionário Aurélio, "1. Esboço de uma obra de escultura, moldado em barro ou cera. 2. Miniatura do projeto arquitetônico ou de engenharia" (Ferreira, 2001, p. 446).

Sobre a relação entre os termos *modelo* e *maquete*, Rozestraten (2003, p. 11, grifos do original) afirma:

> De fato encontram-se nos termos **modelo** e **maquete** as noções de origem, existência, construção e reprodução de formas.
>
> Enquanto o termo **modelo** caracteriza-se pela ambiguidade e pode se referir tanto a uma forma material quanto a uma forma abstrata. [sic] O termo **maquete** caracteriza-se por uma relação direta e inequívoca com a materialidade da forma.

Quanto às primeiras utilizações de maquetes, pesquisadores sugerem que algumas pinturas rupestres foram realizadas por meio delas. Essas imagens teriam sido compostas em pedaços de argila em alto-relevo e transportadas para a parede das cavernas (Rozestraten, 2003).

Pelo menos desde fins do último período glacial, diversas culturas europeias dominavam noções de proporção e escala reduzida e as utilizavam para representações artísticas em madeira, ossos, chifres e pedras.

> Pelo menos desde fins do último período glacial diversas culturas europeias dominam noções de proporção e escala reduzida e as utilizam para representações artísticas em madeira, ossos, chifres e pedras.
>
> Esse domínio pode ser percebido em desenhos e pinturas de animais, assim como em esculturas de animais e ídolos femininos produzidos desde cerca de 35.000 a.C. (como por exemplo: as pinturas rupestres de Chauvet-Pont-d'arc, Aurignaciense, c. 32.000 a.C., descobertas em 1994). (Rozestraten, 2003, p. 17)

A primeira documentação sobre o uso de maquetes, segundo Mills (2007), remonta ao século V a.C., quando Heródoto, em seu livro *Histórias*, faz referência à maquete de um templo.

Ao contrário do desenho, que representa o espaço arquitetônico de maneira abstrata, sendo de difícil análise, a maquete amplia o que pode ser analisado, como o espaço de uma forma real, por meio de materiais representativos que "oferecem aos sentidos formas tridimensionais, compactas e definidas, e é possível reconhecer nesses objetos paleolíticos as origens históricas da atividade artística de modelagem" (Rozestraten, 2003, p. 17).

Vamos ver um exemplo de maquete? A Figura 1.1 apresenta a planta baixa de um projeto e a Figura 1.2 representa a maquete desse projeto.

Figura 1.1 – Exemplo de planta baixa de um projeto

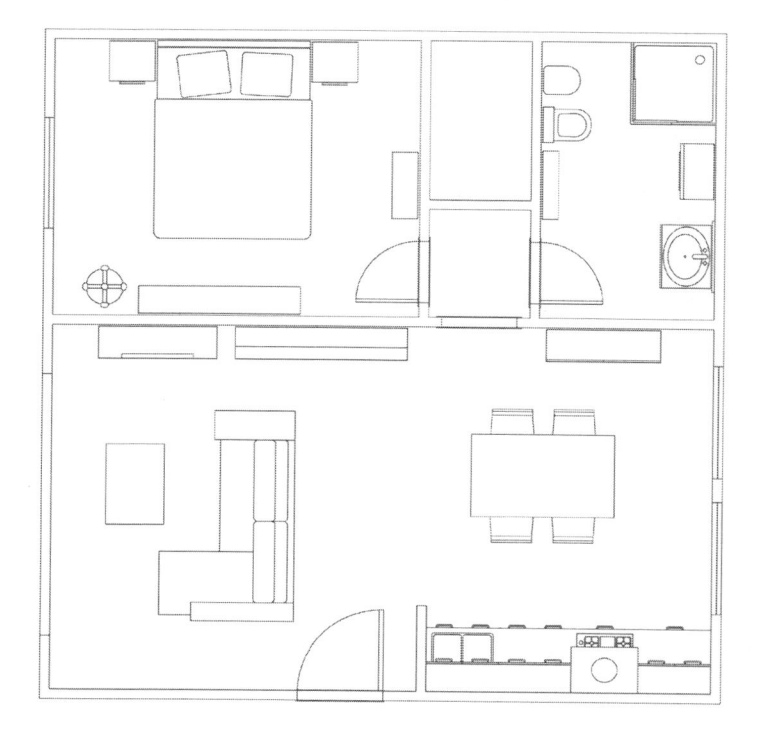

Figura 1.2 – Maquete eletrônica do projeto

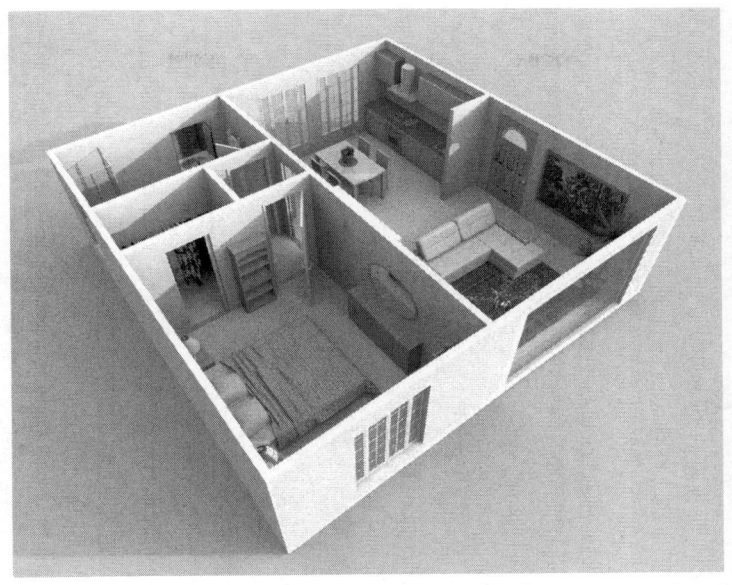

É claro que a Figura 1.2, uma maquete, dá mais sentido às formas, pois possibilita uma melhor visualização da edificação. Isso ocorre porque:

> O desenho exige um tempo para que o olho percorra o que é desenhado. Esse tempo de construção do desenho é necessário para a apreensão da forma visível e para a construção da forma gráfica. O ato de percorrer com o olhar o que se desenha, enquanto a mão constrói a imagem, modifica profundamente a compreensão da existência material das coisas, pois essa concentração necessária ao desenhar constitui uma situação reflexiva que reinaugura a forma das coisas. (Rozestraten, 2006)

Maquetes (estatuetas) de mulheres grávidas executadas em pedra, geralmente calcário e calcita, já eram observadas no período Paleolítico; um exemplo é a Vênus de Willendorf (Figura 1.3), na qual são evidentes os volumes das coxas, do quadril e dos seios.

Figura 1.3 – Vênus de Willendorf

VÊNUS de Willendorf. 27.500 a.C. 1 escultura em calcário oolítico, 11 cm de altura. Naturhistorisches Museum, Viena, Áustria.

A utilização de maquetes também ocorreu entre povos *vikings* e egípcios; os primeiros construíam os modelos de seus navios em réplicas, e os últimos faziam miniaturas de objetos e utensílios em argila, cera e papiro, os quais eram colocados nas tumbas dos faraós para que eles os utilizassem na vida após a morte, segundo a crença desse povo (Rozestraten, 2003).

Com o tempo, as maquetes foram adquirindo outras finalidades, como na Roma antiga, onde elas tinham a função de ajudar a calcular o fluxo e a vazão dos aquedutos. Na Idade Média, acredita-se que as maquetes foram úteis para a construção do estilo gótico. No entanto, foi no Renascimento que houve a expansão do uso de maquetes, principalmente no que se refere à escultura – por exemplo, os modelos tridimensionais do arquiteto Filippo Brunelleschi para a cúpula da Catedral de Santa Maria Del Fiore, em Florença (Rozestraten, 2003).

> **Preste atenção!**
>
> Filippo Brunelleschi (1377-1446) foi o arquiteto que redescobriu a técnica de perspectiva conhecida por gregos e romanos, especificamente no que se refere ao ponto de fuga e à relação entre a distância e a redução do objeto que se quer representar por meio dos princípios geométricos.

Figura 1.4 – Maquete da cúpula da Catedral de Florença: projeto de Brunelleschi

BRUNELLESCHI, F. **Cúpula da Igreja de Santa Maria del Fiore (Duomo)**. 1419. 1 maquete em madeira. Catedral de Florença, Itália.

A Figura 1.4 apresenta a maquete da cúpula da Catedral de Florença, projeto de Brunelleschi, ou seja, esse foi o modelo realizado antes da execução da obra, apresentada na Figura 1.5, a seguir.

Figura 1.5 – Cúpula da Catedral de Florença

BRUNELLESCHI, F. **Cúpula da igreja de Santa Maria del Fiore (Duomo)**. 1419-1439.
1 cúpula em alvenaria, 116,5 m × 54,8 m. Catedral de Florença, Itália.

Outro grande artista do Renascimento que preferia a construção de modelos (nesse caso, maquetes, estatuetas, esculturas) à utilização de desenhos foi Michelangelo di Lodovico Buonarroti Simoni, mais conhecido apenas como *Michelangelo*. Para ele, a maquete construída de madeira, argila, cera ou até mesmo mármore era a representação de uma ideia formada na mente (Rozestraten, 2003).

A Figura 1.6 apresenta uma obra de Michelangelo – nesse caso, uma estátua esculpida em mármore –, mostrando sua concepção de modelo.

Figura 1.6 – Pietà, de Michelangelo

SIMONI, M. di L. B. (Michelangelo). **Pietà**. 1499. 1 escultura em mármore, 1,95 m × 1,74 m × 0,50 m. Basílica de São Pedro, Vaticano.

Segundo Proença (2010), a maquete também foi muito explorada na Escola Bauhaus, localizada no leste da Alemanha (Weimar), tanto na comunicação com o público quanto para sintetizar tridimensionalmente seus projetos.

A maquete é utilizada como forma de representação gráfica, uma vez que possibilita a análise de planos, superfícies e volumes de um objeto ou de uma edificação. Ela também é utilizada como uma disposição tridimensional de um agrupamento de desenhos; desse modo, o que era representado na forma bidimensional passa a ser representado na forma tridimensional.

Atualmente, as maquetes são importantes instrumentos da prática profissional e educacional, e cada vez mais estão deixando de ser produzidas de maneira física e sendo criadas por meio de *softwares*, denominando-se *maquetes eletrônicas* ou *modelos virtuais*.

No mercado publicitário, as maquetes, em alguns casos, como as desenvolvidas por construtoras, são utilizadas em seu tamanho natural, ou seja, a escala representada costuma ser de 1:1. Um bom exemplo são os apartamentos decorados reconstruídos em feiras de imóveis.

Na educação, as maquetes são utilizadas em diversos níveis e modalidades, mostrando resultados positivos como recurso facilitador da aprendizagem de modo geral.

Agora que você já entendeu o que são modelos e maquetes e percebeu sua importância, vamos estudar a modelagem.

1.2 Modelagem matemática

A *modelagem*, em geral, pode ser entendida como o ato de modelar um problema (ao que chamamos nas seções anteriores de *realidade*), utilizando modelos físicos, matemáticos, híbridos (que utilizam mais de um tipo de modelo), entre outros, para prever, classificar e associar fenômenos.

Você deve perceber que a modelagem não é aplicada somente na educação, visto que os problemas e sua análise não são exclusivos dessa área. A modelagem, na procura da forma ideal, é utilizada por *designers* de automóveis, em estudos populacionais de diversas espécies na área ambiental, na economia, na área médica, entre outras.

A modelagem matemática na educação será nosso tema de estudo nos próximos capítulos; neste capítulo, trataremos especificamente do modelo matemático utilizado em outras áreas da matemática, como a aplicada e a pura. Para isso, apresentaremos problemas que, para serem resolvidos, devem ser transformados em equações matemáticas, passando pelo que chamamos *modelos matemáticos*. Mais adiante, indicaremos outras fontes de consulta relacionadas a esse tipo de modelagem para que você possa aprender mais sobre o assunto.

O que é

Modelo matemático é um conjunto de equações e/ou inequações que representam um sistema real, sendo que tais equações devem satisfazer critérios que, por sua vez, são as hipóteses relacionadas ao problema, na busca de sua solução.

É evidente que modelos simplificados são mais fáceis de serem manipulados e resolvidos, porém, quanto mais complexo for o modelo, maior será a complexidade da resolução. Na sequência, vamos conferir um exemplo de modelo matemático.

1.2.1 Exemplo dos tampos de mesa

O problema que apresentaremos a seguir é um exemplo didático, clássico na área, com diversos semelhantes na literatura. Desse modo, escolhemos o texto de Góes e Góes (2012, p. 1000) para exemplificar a você um modelo matemático:

> Um aluno que trabalha numa indústria moveleira da região trouxe a seguinte problemática: a empresa em que trabalha produz dois tipos de mesa, mesa A e mesa B. Para a confecção do tampo da mesa A são necessários $3m^2$ de madeira, já para a confecção do tampo da mesa B são necessários $2m^2$. A confecção do tampo da mesa A é realizada por um operário em 30 minutos, já a confecção do tampo B, por ter mais detalhes, demora 1 hora.
>
> Este aluno informou que toda a produção é vendida, mas há problema com a limitação de hora de mão de obra que é de 30h e de matéria-prima que é de $90m^2$ para a confecção dos tampos.
>
> Dessa forma é necessário determinar quantas peças de cada tampo devem ser fabricadas para que se obtenha lucro máximo, sabendo que o lucro com o tampo A é R$150,00 por unidade e do tampo B é R$180,00 por unidade.

Analisando o problema, é evidente que devemos determinar a quantidade de peças a produzir para se obter o lucro máximo. Então, vamos analisar cada frase do problema proposto para verificar como podemos transformá-lo em equações matemáticas.

A primeira frase não nos informa a contextualização do problema, ou seja, não indica do que se trata ou como pode ser aplicado na realidade. Vale, aqui, ressaltar a importância de "contextualizar os conteúdos dos componentes curriculares, identificando estratégias para apresentá-los, representá-los, exemplificá-los, conectá-los e torná-los significativos, com base na realidade do lugar e do tempo nos quais as aprendizagens estão situadas" (Brasil, 2018, p. 16). Desse modo, reforçamos que, independentemente da área de conhecimento, é essencial a explanação de conteúdos por meio da contextualização, pois ela possibilita ao estudante relacionar situações de seu cotidiano aos conteúdos trabalhados em sala de aula, experienciando-os de maneira prática.

Continuando a análise, temos nossa primeira informação: a empresa produz dois tipos de mesa (A e B). É evidente que uma empresa pode fabricar dezenas, centenas e até milhares de produtos, mas os autores trabalham com apenas dois para facilitar e tornar mais didático o exemplo de um método de resolução. Como há apenas dois tipos de objetos a produzir, que são as respostas de nosso problema, vamos transformar essas informações em elementos relacionados à matemática.

O primeiro passo é o que chamamos de *determinar as variáveis de decisão do problema* – nesse caso, a quantidade de cada tampo a ser fabricada. Então, vamos chamar de x a quantidade de tampos A e de y a quantidade de tampos B. Definido isso, vamos continuar nossa análise.

Outra informação que temos é a seguinte: "Para a confecção do tampo da mesa A são necessários 3m² de madeira, já para a confecção do tampo da mesa B são necessários 2m²" (Góes; Góes, 2012, p. 1000). Portanto, se são confeccionadas x unidades do tampo A, são gastos $3x$ m² de madeira, visto que, para obter a quantidade necessária de madeira, basta multiplicarmos 3 por x. Com relação ao tampo B, são gastos $2y$ m² de madeira.

A próxima informação do problema é relacionada ao tempo gasto para a confecção de cada modelo: "A confecção do tampo da mesa A é realizada por um operário em 30 minutos, já a confecção do tampo B, por ter mais detalhes, demora 1 hora" (Góes; Góes, 2012, p. 1000). Transformando essa informação em linguagem matemática, temos o seguinte: se, para cada unidade produzida do tampo A, são gastos 30 minutos, ou seja, 0,5 hora, temos que, para x unidades, são gastos 0,5 multiplicado pela quantidade, ou seja, $0,5x$ horas; da mesma forma, para a confecção de y unidades do tampo B, é gasta $1y$ hora.

O problema ainda informa que toda a produção é vendida; logo, quanto maior for a quantidade de tampo produzida, maior será o lucro.

Você deve estar pensando: Por que temos de determinar a quantidade de tampos a ser produzida? Não basta produzir o máximo possível e obter o maior lucro?

Tais questionamentos até fazem sentido, mas, na realidade, não há recursos inesgotáveis – nesse caso, de matéria-prima (madeira) e tempo. Perceba que, inclusive, na sequência do problema, essa questão é levantada: "mas há problema com a limitação de hora de mão de obra que é de 30h e de matéria-prima que é de 90m² para a confecção dos tampos" (Góes; Góes, 2012, p. 1000). Desse modo, foram limitadas as quantidades de matéria-prima e de tempo para a mão de obra, o que chamamos de *restrições* (inequações ou equações). Para resolver o problema, vamos transformar as restrições em linguagem matemática.

Com relação à restrição de matéria-prima, tudo o que for produzido não pode ultrapassar 90 m² de madeira. Assim, somando a quantidade de tampos A e B, o resultado deve ser menor ou igual a 90, o que, matematicamente, é representado do seguinte modo:

$$3x + 2y \leq 90$$

Quanto à restrição de tempo, a produção de todos os tampos A somada à produção de todos os tampos B deve ser menor ou igual a 30 horas. Transformando essa afirmação em linguagem matemática, temos:

$$0,5x + y \leq 30$$

Podemos interpretar o problema como sendo uma encomenda urgente (prazo de 30 horas), e, como o empresário tem pouco tempo, ele quer definir a quantidade que deve produzir de cada tampo para obter o lucro máximo. Essa informação está implícita na seguinte frase: "Dessa forma é necessário determinar quantas peças de cada tampo devem ser fabricadas para que se obtenha lucro máximo, sabendo que o lucro com o tampo A é R$150,00 por unidade e do tampo B é R$180,00 por unidade" (Góes; Góes, 2012, p. 1000). Como esse trecho nos informa que o lucro pela venda do tampo A é de R$ 150,00, então o lucro desse tipo de tampo é obtido pela multiplicação da quantidade x produzida por 150, ou seja, $150x$. De maneira análoga, o lucro da venda do tampo B é $180y$. Assim, o lucro total é a soma do lucro da venda de ambos os tampos, ou seja:

$$\text{lucro} = 150x + 180y$$

Neste ponto, você pode acreditar que é mais vantajoso produzir somente tampos B, visto que é o tipo que fornece maior lucro, certo? No entanto, ao final da resolução, vamos relembrar esse comentário para verificar se ele é realmente válido.

Uma informação importante que não está no enunciado do problema, mas que podemos subentender, é a de que a quantidade de tampos A e B a serem produzidas é sempre maior ou igual a zero. Portanto, podem-se produzir tampos A, e a quantidade será maior que zero, ou pode-se não os produzir, e a quantidade será igual a zero. Em linguagem matemática, temos:

$x \geq 0$

Igualmente para a produção de tampos B, temos:

$y \geq 0$

Com isso, transformamos todos o nosso problema em linguagem matemática, obtendo o seguinte modelo matemático:

maximizar o lucro = $150x + 180y$
sujeito a:
$3x + 2y \leq 90$
$0,5x + y \leq 30$
$x \geq 0$
$y \geq 0$

Agora, vamos resolver esse modelo matemático, ou seja, encontrar o valor de x e y que forneça o maior lucro, mas que, ao mesmo tempo, satisfaça as restrições (no caso, as inequações).

Para resolver esse tipo de problema, ou seja, o modelo matemático, existem alguns algoritmos e métodos, sendo que o mais conhecido é o Simplex, proposto por George Bernard Dantzig (1914-2005) na década de 1940 (Puccini, 1975). Esse método é apresentado de maneira bastante didática por Puccini (1975) em sua obra *Introdução à programação linear*.

Por ser um método amplamente difundido, há diversas páginas na internet e aplicativos que o utilizam para a resolução de problemas com restrições, como a página PHPSimplex* (2023), que adotaremos aqui.

---

* Disponível em: <http://www.phpsimplex.com/simplex/simplex.htm?l=pt>. Acesso em: 9 maio 2023.

Essa página é gratuita, e o usuário pode indicar o método de resolução (Simplex ou Gráfico), o número de variáveis de decisão e a quantidade de restrições relativas ao problema.

Para nosso problema, vamos escolher as seguintes opções:

Método Simplex

- Quantidade de variáveis: 2 (x e y, que representam a quantidade de tampos A e B, respectivamente).

- Quantidade de restrições: 4 ($3x + 2y \leq 90$; $0,5x + y \leq 30$; $x \geq 0$; $y \geq 0$)

Ao clicar no botão "Continuar", uma nova tela é aberta, na qual devemos inserir os dados do problema:

- Objetivo: maximizar (o problema apresentado pretende determinar o maior lucro possível).

- Função: inserir 150 e 180 (o primeiro refere-se à variável x, e o segundo, à variável y).

- Restrições: informamos os coeficientes de cada restrição, bem como os sinais das inequações:

    - $3 x_1 + 2 x_2 \leq 90$
    - $0,5 x_1 + 1 x_2 \leq 30$
    - $1 x_1 + 0 x_2 \leq 0$
    - $0 x_1 + 1 x_2 \leq$

Perceba que a terceira e a quarta restrições apresentam um dos coeficientes igual a zero, o que se deve ao fato de que a terceira restrição é $x \geq 0$, ou seja, $1x + 0y \geq 0$. Da mesma forma, para a quarta restrição, $0x + 1y \geq 0$.

Continuando o método, deparamo-nos com a situação em que consta, antes da seta, o modelo matemático, e depois da seta, o modelo matemático conforme o método escolhido – no caso, o Simplex –, como reproduzido a seguir.

Maximizar: $Z = 150 x_1 + 180 x_2$
sujeito a
$3 x_1 + 2 x_2 \le 90$
$0,5 x_1 + 1 x_2 \le 30$
$1 x_1 + 0 x_2 \le 0$
$0 x_1 + 1 x_2 \le$
$x_1, x_2 \ge 0$

⬇

Maximizar: $Z = 150 x_1 + 180 x_2 + 0 x_3 + 0 x_4 + 0 x_5 + 0 x_6$
sujeito a
$3 x_1 + 2 x_2 + 1 x_3 = 90$
$0,5 x_1 + 1 x_2 + 1 x_4 = 30$
$1 x_1 + 1 x_5 = 0$
$0 x_1 + 1 x_2 + 1 x_6 = 0$
$x_1, x_2, x_3, x_4, x_5, x_6 \ge 0$

Além disso, acima dos modelos matemáticos, o aplicativo apresenta informações pertinentes ao método em questão*.

Para seguir, temos três opções de botões para continuar a resolução:

1. **"Continuar"**: apresenta passos intermediários do método.
2. **"Solução direta"**: apresenta a solução.
3. **"Salvar o exercício"**: salva a página como uma favorita em seu navegador.

---

* Cabe destacar que não é nosso objetivo apresentar detalhadamente o método Simplex nesta obra; por isso, sugerimos a leitura de Puccini (1975), que aborda o assunto de modo mais aprofundado.

Quando se escolhe a segunda opção, "Solução direta", temos que o total de tampos A a serem produzidos é 15, e o total de tampos B, 22,5. Com isso, o lucro será de R$ 6.300,00.

Analisando a resposta, verificamos que o valor da variável y não é viável para esse problema, pois não é possível fabricar 22,5 tampos; seriam fabricados 22 ou 23 tampos.

Se fabricarmos 23 tampos B, a restrição $3x + 2y \leq 90$ não será satisfeita, pois $3 \cdot 15 + 2 \cdot 23 = 45 + 46 = 91$. Como o resultado ultrapassa 90, a matéria-prima não será suficiente para a fabricação de 15 tampos A e 23 tampos B. Ainda podemos realizar a mesma análise com a restrição de horas disponíveis para fabricação, pela qual verificamos que seriam necessárias 31 horas, e tem-se apenas 30 disponíveis.

Dessa forma, devem ser fabricados 22 tampos B. Com isso, o valor do lucro irá diminuir e passará a ser o seguinte:

Lucro = 150x + 180y

Lucro = 150 · 15 + 180 · 22

Lucro = 2.250 + 3.960

Lucro = R$ 6.210,00

Como mencionado, a página PHPSimplex também possibilita a resolução pelo denominado *método gráfico*. Essa forma de resolução foi proposta por Góes e Góes (2012) em turmas de ensino médio, dentro do conteúdo de geometria analítica, na disciplina de Matemática, conforme apresentaremos na sequência.

Método gráfico

No método gráfico, temos de representar todas as restrições (inequações) em um único plano cartesiano. Dessa forma, determinamos o que o método Simplex chama de *região de factibilidade*, ou seja, a região do plano em que estão todas as soluções que satisfazem as restrições. Não necessariamente todos os pontos dentro da região têm o maior valor para o lucro.

Por estarmos trabalhando no plano cartesiano, o método gráfico só pode ser utilizado quando há duas variáveis, como no problema apresentado nesta seção. Também é possível trabalhar com três variáveis; no entanto, não estaríamos realizando as representações no plano, e sim no espaço, o que visualmente não seria tão fácil de compreender. O método gráfico não admite o trabalho com mais de três variáveis, visto que as representações gráficas ocorrem na reta, no plano ou no espaço.

A seguir, detalhamos o passo a passo do método gráfico realizado com base no problema apresentado por Góes e Góes (2012).

O primeiro passo é representar graficamente cada uma das inequações que são as restrições do problema (Gráficos 1.1 e 1.2).

Gráfico 1.1 – Representação gráfica da inequação: $0,5x + y \leq 30$

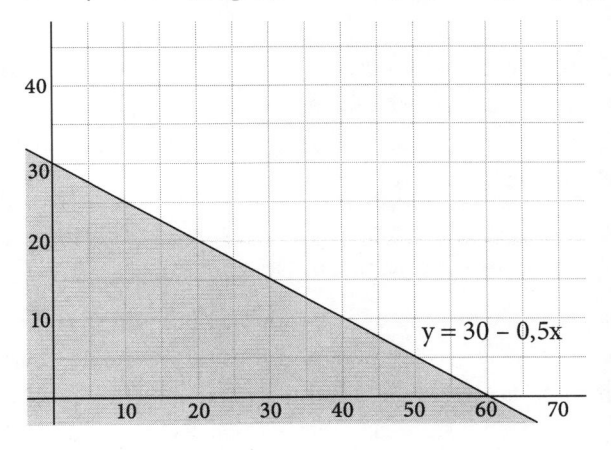

Fonte: Góes; Góes, 2012, p. 1000.

Gráfico 1.2 – Representação gráfica da inequação: 3x + 2y ≤ 90

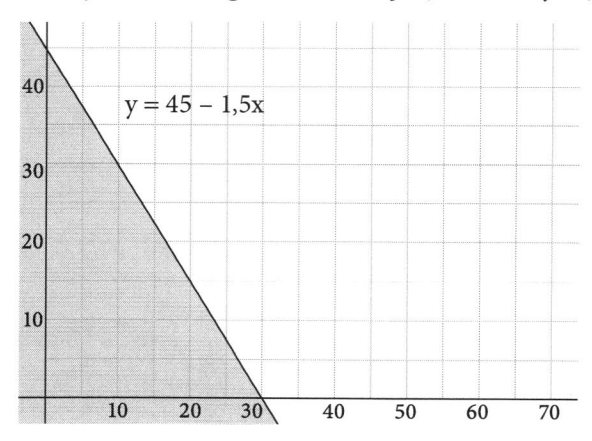

[Gráfico com reta y = 45 – 1,5x, eixo x até 70, eixo y até 40]

Fonte: Góes; Góes, 2012, p. 1000.

Para representar as inequações, devemos representar a equação e verificar qual região pertence à inequação. Por exemplo, para representar a inequação 0,5x + y ≤ 30, primeiro representamos a equação 0,5x + y = 30 (reta escura do Gráfico 1.1).

A representação de uma reta determina dois semiplanos, o inferior e o superior, que comporão a inequação.

Em seguida, determinamos qual dos semiplanos pertence à representação da inequação. Para isso, testamos um ponto de qualquer um dos semiplanos, sendo que o ponto mais fácil a ser testado é a origem (0, 0). Como a inequação é 0,5x + y ≤ 30, temos que 0,5 · 0 + 0 ≤ 30, isto é, igual a 0 ≤ 30, ou seja, temos uma afirmação verdadeira. Dessa forma, para a inequação 0,5x + y ≤ 30, o semiplano que apresenta a origem (semiplano inferior) faz parte da representação da inequação (como você pôde observar na Gráfico 1.1).

De maneira análoga, verificamos, para a inequação 3x + 2y ≤ 90, o Gráfico 1.2.

Representando as duas inequações no mesmo plano cartesiano, temos o Gráfico 1.3, em que a região que satisfaz às duas inequações é denominada *região de interseção* (região mais escura).

Gráfico 1.3 – Representação da interseção das inequações $0,5x + y \leq 30$ e $3x + 2y \leq 90$

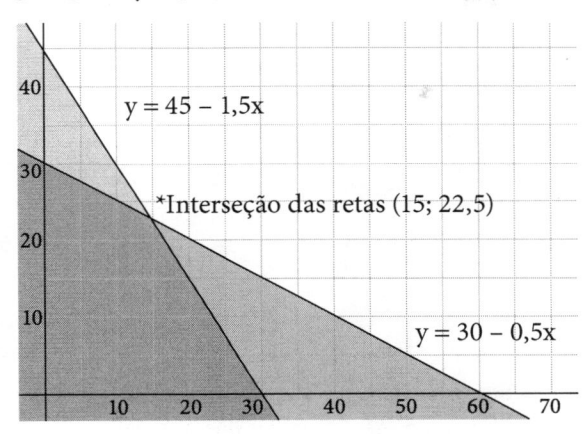

Fonte: Góes; Góes, 2012, p. 1001.

Ainda no Gráfico 1.3, consta determinada a interseção das duas retas que pertencem às inequações, por meio do seguinte sistema de equações:

$$\begin{cases} 0,5y + y = 30 \\ 3x + 2y = 90 \end{cases}$$

Resolvendo o sistema, obtemos os valores $x = 15$ e $y = 22,5$.

Mas você deve lembrar que o problema que apresentamos é composto de quatro inequações, as duas apresentadas no Gráfico 1.3 e, ainda, $x \geq 0$ e $y \geq 0$. Portanto, representando as quatro inequações no mesmo plano cartesiano e apresentando somente a interseção, ou seja, a parte comum a todas elas, temos a região destacada no Gráfico 1.4.

Gráfico 1.4 – Interseção das inequações: $0,5x + y \leq 30$; $3x + 2y \leq 90$; $x \geq 0$ e $y \geq 0$

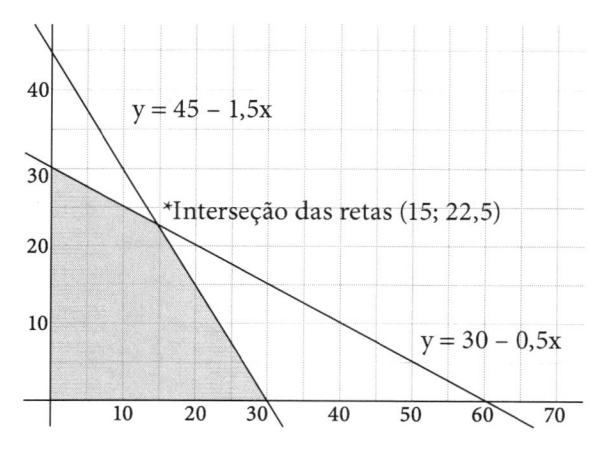

Fonte: Góes; Góes, 2012, p. 1002.

A região destacada no Gráfico 1.4 informa o ponto (x, y) pertencente a ela que satisfaz às quatro restrições, ou seja, é uma "provável" solução para o problema. No entanto, devemos lembrar que estamos em busca, também, da solução que forneça o maior lucro possível. Assim, é necessário verificar em qual(is) ponto(s) dessa região é indicado o maior lucro.

Mas antes de começarmos a verificar, você saberia dizer quantos pontos há nessa região? Isso mesmo: infinitos pontos. Portanto, não será possível testar todos. Porém, existe um teorema da área de pesquisa operacional que mostra que a solução obtida pelo método Simplex é, ao menos, um dos vértices dessa região (Puccini, 1975).

Analisando o Gráfico 1.4, vemos que o polígono é um quadrilátero com vértices de seguintes coordenadas: (0, 0), (0, 30), (30, 0) e (15, 22,5). Dessa forma, vamos testar somente esses quatro pontos e verificar em qual deles consta o lucro máximo.

Para o ponto (0, 0), temos que x = 0 e y = 0.

Assim, lucro = 150x + 180y = 0.

Para o ponto (0, 30), lucro = 150 · 0 + 180 · 30 = 5400.

Para o ponto (30, 0), lucro = 150 · 30 + 180 · 0 = 4500.

Para o ponto (15, 22,5), lucro = 150 · 15 + 180 · 22,5 = 6300.

Perceba que, dos quatro pontos citados, aquele em que se vê o maior lucro é em x = 15 e y = 22,5. Observe que é o mesmo valor obtido no aplicativo disponível na página PHPSimplex (2023) que apresentamos anteriormente.

Aqui, cabe a mesma informação de que não é viável fabricar 22,5 tampos do tipo B. Assim, a resposta para o problema é: 15 tampos A e 22 tampos B.

Durante a análise do problema, chamamos sua atenção para a seguinte questão: Você pode acreditar que é mais vantajoso produzir somente tampos B, visto que é o tipo de tampo que fornece maior lucro, certo? Retomando essa questão e observando os cálculos para os quatro pontos que analisamos, podemos concluir que é mais vantajoso produzir apenas tampos B? A resposta é *não*.

Perceba que, se produzíssemos apenas tampos B, o lucro poderia ser de apenas R$ 5.400,00, ao passo que, maximizado, ele chegou a R$ 6.210,00.

Portanto, queremos mostrar que, na matemática, não se pode ter certeza de afirmações sem antes comprová-las! Se existe um método para a resolução, temos de aplicá-lo.

Síntese

Neste capítulo, apresentamos a diferença entre modelo e modelagem matemática e examinamos exemplos de modelos tanto na área de educação quanto na matemática aplicada.

Geralmente, modelos são baseados em equações e inequações matemáticas que, quando resolvidas, fornecem resultados que são analisados para verificar sua compatibilidade com o problema, como no caso do problema das mesas e tampos de Góes e Góes (2012), para o qual mostramos duas formas de resolução.

Ainda, para a área educacional, apresentamos outra forma de modelo: a maquete.

Indicações culturais

A Escola Bauhaus foi uma escola de arquitetura e artes plásticas, além de ser a primeira de design no mundo. Instalada na Alemanha, foi importante para a propagação do modernismo na arquitetura e no design (Proença, 2010).

Para saber um pouco mais sobre essa instituição, sugerimos a seguinte leitura:

DROSTE, M. **Bauhaus**: 1919-1933. Madri: Taschen, 2006.

Sugerimos também a leitura das seguintes experiências que utilizaram maquetes na educação básica:

DANTZIG, G. B. On the Non-Existence of Tests of "Student's" Hypothesis Having Power Functions Independent of σ. **Annals of Mathematical Statistics**, v. 11, n. 2, p. 186-192, Jun. 1940. Disponível em: <http://projecteuclid.org/euclid.aoms/1177731912>. Acesso em: 9 maio 2023.

FELCHER, C. D. O.; DIAS, L. F.; BIERHALZ, C. D. K. Construindo maquetes: uma estratégia didática interdisciplinar no eixo de geometrias – espaço e forma. **EaD em Foco – Revista Científica em Educação a Distância**, v. 5, n. 2, p. 149-174, 2015. Disponível em: <http://eademfoco.cecierj.edu.br/index.php/Revista/article/view/238/141>. Acesso em: 9 maio 2023.

WEBER, P. E.; PETRY, V. J. Modelagem matemática na educação básica: uma experiência aplicada na construção civil. **Góndola, Enseñanza y Aprendizaje de las Ciencias**, v. 10, n. 1, p. 40-54, jan./jun. 2015. Disponível em: <https://revistas.udistrital.edu.co/index.php/GDLA/article/view/7978>. Acesso em: 9 maio 2023.

Ainda sugerimos a leitura dos seguintes trabalhos, que apresentam modelos matemáticos de problemas reais:

ALMEIDA, T. dos S. et al. Uso de modelo matemático de alocação de peças para testes de diferentes cenários. In: CONGRESSO NACIONAL DE MATEMÁTICA APLICADA À INDÚSTRIA, 1., 2014, Caldas Novas. **Anais...** São Paulo: Blucher, 2015. v. 1, n. 1, p. 756-765. Disponível em: <https://www.

proceedings.blucher.com.br/article-details/uso-de-modelo-matemtico-de-alocao-de-peas-para-testes-de-diferentes-cenrios-11964>. Acesso em: 9 maio 2023.

GÓES, A. R. T.; COSTA, D. M. B.; STEINER, M. T. A. Otimização na programação de horário dos professores/turmas: modelo matemático, abordagem heurística e método misto. **Sistemas & Gestão**, v. 5, n. 1, p. 50-66, jan./abr. 2010. Disponível em: <https://www.revistasg.uff.br/sg/article/view/V5N1A4>. Acesso em: 9 maio 2023.

PAVANELLI, A. M. et al. Obtenção de indicadores de desempenho através do modelo matemático hipercubo de filas com prioridades aplicado ao Serviço de Atendimento Emergencial Móvel em Curitiba-Paraná. **Revista SODEBRAS**, v. 9, n. 101, p. 173-179, maio 2014. Disponível em: <https://www.academia.edu/39962501/Obten%C3%A7%C3%A3o_de_indicadores_de_desempenho_atrav%C3%A9s_do_modelo_matem%C3%A1tico_Hipercubo_de_filas_com_prioridades_aplicado_ao_servi%C3%A7o_de_atendimento_emergencial_m%C3%B3vel_em_Curitiba_Paran%C3%A1>. Acesso em: 9 maio 2023.

Atividades de autoavaliação

1. Sobre modelo, assinale a afirmativa correta:
    a) Descreve fielmente a realidade.
    b) Se o problema a ser resolvido for de certa área do conhecimento, não se deve procurar informações em outras áreas.
    c) Os resultados obtidos utilizando modelos são totalmente confiáveis.
    d) Busca descrever a realidade de maneira simplificada para compreender seu funcionamento.
    e) Não busca representar a realidade.

2. Sobre os modelos utilizados na educação, assinale a afirmativa correta:

a) São utilizados apenas na educação infantil, na qual os estudantes trabalham com diversos materiais manipuláveis para o processo de ensino-aprendizagem.
b) Podem ser um conjunto de equações algébricas, fórmulas, sólidos geométricos, maquetes, protótipos, entre outros.
c) A maquete é o único modelo que pode ser utilizado no processo de ensino-aprendizagem de matemática.
d) Contribuem apenas na visualização de conceitos.
e) São utilizados como forma de proporcionar divertimento em sala de aula.

3. Resolvendo pelo método gráfico o seguinte modelo matemático:
Max $Z = 15x_1 + 12x_2$

Sujeito a

$$2x_1 + 2x_2 \leq 15$$
$$4x_1 + 2x_2 \leq 20$$
$$x_2 \leq 6$$
$$x_1 \geq 0$$
$$x_2 \geq 0$$

É correto afirmar que a melhor solução é:
a) $x_1 = 0; x_2 = 7,5$.
b) $x_1 = 2,5; x_2 = 6$.
c) $x_1 = 2,5; x_2 = 5$.
d) $x_1 = 7,5; x_2 = 7,5$.
e) $x_1 = 2,5; x_2 = 6,5$.

4. Resolvendo pelo método gráfico o seguinte modelo matemático:
Min $Z = 9x_1 + 3x_2$

Sujeito a

$$x_1 + x_2 \geq 50$$
$$2x_1 - 2x_2 \geq 0$$

$$-x_1 + 3x_2 \geq 0$$

$$x_1 \geq 0$$

$$x_2 \geq 0$$

É correto afirmar que a melhor solução é:

a) Z = 375.

b) Z = 300.

c) Z = 225.

d) Z = 150.

e) Z = 350.

5. Um alpinista deseja levar alguns itens em sua mochila. No entanto, o peso total desses itens não pode ultrapassar 14 kg. Desse modo, ele decidiu pontuar todos os itens para decidir quais levar, conforme descrito na tabela a seguir.

Tabela A – Itens para levar na escalada

Item	A	B	C	D	E
Valor	10	8	6	4	8
Peso (kg)	5	12	7	2	13

Além disso, para ter uma dieta equilibrada, ele não pode levar mais do que 1 kg de cada item escolhido, de modo que precisa maximizar a pontuação deles. Com base nessas informações, elabore um modelo matemático que ajude o alpinista a descobrir quais itens levar.

Resolvendo o modelo, o alpinista vai levar consigo os seguintes itens:

a) A, C e D.

b) A, D e E.

c) B, C e D.

d) B, D e E.

e) A, B e E.

Atividades de aprendizagem

Questões para reflexão

1. Neste capítulo, você estudou um modelo específico, muito utilizado por professores na educação básica e por outros profissionais que não são da área de educação: a maquete. Indique como esse recurso pode auxiliar as pessoas na compreensão de conceitos.

2. A modelagem matemática é utilizada em diversas áreas do conhecimento. Neste capítulo, apresentamos uma situação-problema cujo objetivo foi determinar o lucro máximo em uma empresa que produz tampos de mesas. Procure descrever como a modelagem matemática pode ser utilizada em diversos ramos produtivos e na educação, objetivando a busca por solução de problemas relacionados à organização e à execução de trabalho de funcionários.

Atividade aplicada: prática

1. Busque metodologias diferenciadas para o ensino e o aprendizado por meio de modelagem matemática. Em seguida, elabore uma atividade que possa ser aplicada a diversos níveis de ensino utilizando o modelo físico maquete.

Modelagem matemática na educação

O ensino da matemática conta com o auxílio das **tendências em educação matemática**, que têm como um dos principais objetivos proporcionar a valorização dessa área do conhecimento.

Uma dessas tendências é a modelagem matemática, cujo surgimento é decorrente da necessidade do ser humano de compreender certos fenômenos que fazem parte de seu cotidiano. Assim, neste capítulo, apresentaremos a modelagem matemática e as etapas que caracterizam um trabalho dentro dessa tendência, analisando exemplos de práticas pedagógicas, de modo que fique mais fácil compreender sua importância e como ela pode ser utilizada no ensino da matemática.

2.1 Utilidade da modelagem matemática

Para o ensino da matemática, temos o que denominamos *tendências em educação matemática,* que trazem diferentes abordagens sobre a importância dessa área do conhecimento no que se refere ao ensino e ao aprendizado. Nesta seção, trataremos da importância da modelagem matemática, como fazê-la e suas etapas.

> **Para saber mais**
>
> GÓES, A. R. T.; GÓES, H. C. **Metodologia do ensino da matemática**. Curitiba: InterSaberes, 2015.
> Entre as tendências em educação matemática, temos a etnomatemática, a história da matemática, a resolução de problemas etc. que contribuem para o ensino e o aprendizado da matemática. Sobre essas e outras tendências, convidamos você a realizar a leitura indicada.

> **O que é**
>
> "*Etnomatemática* é a matemática praticada por grupos culturais, tais como comunidades urbanas e rurais, grupos de trabalhadores, classes profissionais, crianças de uma certa faixa etária, sociedades indígenas, e tantos outros grupos que se identificam por objetivos e tradições comuns aos grupos" (D'Ambrosio, 2012, grifo nosso).

Desde a década de 1980, a modelagem matemática vem sendo estudada por pesquisadores que perceberam que, com o avanço das tecnologias, muitas atividades passaram a ser realizadas pelas máquinas. Como consequência desse avanço, os conceitos matemáticos passam pelo cotidiano sem serem notados, trazendo a crença de que a matemática é utilizada somente nos bancos escolares.

Nesse contexto, a modelagem matemática vem ganhando espaço nos programas de pós-graduação com a finalidade de mostrar como sua utilização é importante no ensino da matemática e proporcionar aos estudantes uma visão imprescindível de sua utilidade no cotidiano.

Para Biembengut e Hein (2005, p. 11) a modelagem matemática "é um processo que emerge da própria razão e participa da nossa vida como forma de constituição e de expressão do conhecimento". Portanto, por meio da linguagem matemática, podemos nos comunicar e propor soluções a problemas do cotidiano. Segundo Davis (1991), a modelagem apresenta características do fazer e está presente nas situações corriqueiras da humanidade.

De acordo com Bassanezi (2002, p. 16), a modelagem matemática "consiste na arte de transformar problemas da realidade em problemas matemáticos e resolvê-los interpretando suas soluções na linguagem do mundo real". Biembengut (1999, p. 8) ainda afirma que a modelagem matemática é "a arte de expressar, por intermédio de linguagem matemática, situações-problema de nosso meio, sua presença é verificada desde os tempos mais primitivos". Nesse sentido, entendemos que a modelagem, assim como a matemática, é antiga, tendo surgido de aplicações no cotidiano das primeiras civilizações.

A modelagem matemática é defendida por Skovsmose (2001) como um ambiente de aprendizagem no qual os estudantes podem utilizar a matemática para investigar e questionar as situações que surgem nas demais áreas do cotidiano. O autor também destaca que essa prática é oferecida aos estudantes como algo que instiga o desenvolvimento de atividades, enfatizando o envolvimento deles com o ambiente que os cerca. Além de ser considerada um ambiente de aprendizagem, a modelagem contribui para a formulação de práticas diferenciadas em sala de aula, visando melhorar a qualidade do ensino (Skovsmose, 2001).

Esse cenário está de acordo com a Base Nacional Comum Curricular (BNCC), que ressalta a importância de as escolas elaborarem "propostas pedagógicas que considerem as necessidades, as possibilidades e os interesses dos estudantes, assim como suas identidades linguísticas, étnicas e culturais" (Brasil, 2018, p. 15).

Ainda conforme a BNCC,

> a aprendizagem de Álgebra, como também aquelas relacionadas a Números, Geometria e Probabilidade e estatística, podem contribuir para o desenvolvimento do pensamento computacional dos alunos,

tendo em vista que eles precisam ser capazes de traduzir uma situação dada em outras linguagens, como transformar situações-problema, apresentadas em língua materna, em fórmulas, tabelas e gráficos e vice-versa. (Brasil, 2018, p. 271)

A utilização da modelagem matemática, segundo Dorow e Biembengut (2008), proporciona aos estudantes habilidades e conhecimentos sobre a aplicação de conceitos matemáticos. Para as autoras, isso é notório, uma vez que a prática faz com que os estudantes desenvolvam o senso crítico relacionado às abordagens sugeridas pelo professor (Dorow; Biembengut, 2008). Nesse sentido, podemos levantar o seguinte questionamento: Será que as maiores deficiências no ensino da álgebra ocorrem pela falta de conexão com a realidade? Ao relacionar conceitos matemáticos com a realidade, é possível despertar o interesse do estudante em aprender e, como consequência, propiciar o senso crítico nas sugestões abordadas.

Para Almeida, Silva e Vertuan (2013), as atividades caracterizadas como *modelagem matemática* devem fazer parte das aulas regulares de Matemática, enfatizando a verdadeira finalidade dessa disciplina na educação básica, o que está em conformidade com o preconizado pela BNCC, que define que os processos matemáticos da

> modelagem podem ser citados como formas privilegiadas da atividade matemática, motivo pelo qual são, ao mesmo tempo, objeto e estratégia para a aprendizagem ao longo de todo o Ensino Fundamental. Esses processos de aprendizagem são potencialmente ricos para o desenvolvimento de competências fundamentais para o letramento matemático (raciocínio, representação, comunicação e argumentação) e para o desenvolvimento do pensamento computacional. (Brasil, 2018, p. 266)

A modelagem matemática está interligada com outra tendência da educação matemática: a resolução de problemas, que aparece nas etapas da modelagem como: definição do problema, elaboração de hipóteses, dedução do modelo matemático, resolução do problema matemático, validação e aplicação do modelo (Almeida; Silva; Vertuan, 2013).

Nossa vivência como professores da educação básica e do ensino superior nos permite afirmar que é muito comum nos depararmos com a ilusão de que os estudantes sabem resolver problemas. O que os estudantes realmente realizam é a mecanização dos procedimentos de resolução, ou seja, eles reproduzem exercícios e a "resolução do problema" termina quando eles obtêm um resultado numérico.

Considerando esse contexto, vale diferenciarmos *problema matemático* de *exercício matemático*. De acordo com Silveira (2001), um **problema matemático** pode ser entendido como uma busca por informações matemáticas até então desconhecidas para tentar resolvê-lo ou até mesmo criar "uma demonstração de um resultado matemático dado". O estudante só enfrenta a resolução de um problema de fato se ainda não tiver os meios para chegar ao objetivo, ou seja, resolver um problema não é a mesma coisa que encontrar uma resposta.

Quando se trata de resolver um **exercício matemático**, a ação pode ser considerada uma atividade de desenvolvimento de certa habilidade em que o estudante tem conhecimento de resolução, como a aplicação de uma equação estudada (Silveira, 2001). Assim, percebemos que o exercício aborda simplesmente a aplicação, já o problema enfatiza a criação ou mesmo a invenção para concluir o processo de resolução.

Para Pozo e Echeverría (1998, p. 9), a resolução de problemas é uma das formas mais eficazes de aprendizado, pois

> baseia-se na apresentação de situações abertas e sugestivas que exijam dos alunos uma atitude ativa ou um esforço para buscar suas próprias respostas, seu próprio conhecimento. O ensino baseado na solução de problemas pressupõe promover nos alunos o domínio de procedimentos, assim como a utilização dos conhecimentos disponíveis, para dar resposta a situações variáveis e diferentes.

Ao utilizar a resolução de problemas como estratégia de ensino, o professor auxilia o desenvolvimento da capacidade de aprender do estudante, indicando o método da busca de soluções, e não apenas respostas prontas.

Para romper com o paradigma tradicional, o uso da modelagem matemática é fundamental, uma vez que ela auxilia na resolução de problemas matemáticos e de outras áreas do conhecimento (Almeida; Silva; Vertuan, 2013). Um exemplo pode ser conferido no trabalho de Lozada e Magalhães (2009) sobre a importância da modelagem matemática voltada ao ensino de física. Nele, a tendência é apresentada como uma alternativa para o professor relacionar acontecimentos da área de física que, a princípio, são vistos como desconectados de outras áreas e abordados como a mera aplicação de fórmulas. Dessa forma, mesmo que a matemática permaneça como suporte, podemos perceber como a modelagem matemática se aplica a outras áreas do conhecimento.

Apenas saber para que serve a modelagem matemática não é o bastante para modificar o dia a dia dos estudantes. Por isso, precisamos entender como fazer a modelagem; e é isso que conferiremos na próxima seção.

2.2 Como fazer modelagem matemática

Realizar a modelagem matemática na realidade da sala de aula pode ser um desafio ao docente. Os resultados referentes ao uso dessa tendência de ensino podem ser positivos, porém, para que isso aconteça, é de fundamental importância que o professor esteja preparado e compreenda a abordagem de maneira global, principalmente por meio de práticas pedagógicas já empreendidas nesse contexto.

Existem vários autores que indicam os passos a serem seguidos para realizar a modelagem matemática, e tal estruturação é necessária para evitar deslizes na preparação da prática docente. Entre esses autores, destacamos Biembengut (1999), Biembengut e Hein (2005), Almeida, Silva e Vertuan (2013), Bassanezi (2002) e Penteado, Fernandes e Burak (2014).

2.2.1 Apontamentos importantes

Como vimos no capítulo anterior, o modelo pode ser uma representação da realidade que possibilita refazê-la, preservando sua essência;

pode ser utilizado para auxiliar na explicação, na ação e no entendimento de algo.

Quando falamos em *modelo matemático*, estamos relacionando o modelo com a matemática. Desse modo, um modelo matemático – algébrico ou geométrico, por exemplo – representa de maneira simplificada a realidade, podendo ser utilizado em sala de aula.

O objetivo da modelagem matemática na educação básica é aplicar ou representar conceitos, possibilitando aos estudantes perceberem a importância da matemática em seu cotidiano. Dessa forma, o estudante pode ser motivado a desenvolver o raciocínio lógico e a ter uma visão crítica dos acontecimentos.

Já na matemática do ensino superior, a modelagem matemática está presente em equações que criam conjuntos de regras e procedimentos que auxiliam na previsão de resultados ou até mesmo associam fenômenos, agrupam padrões, entre outras ações, sendo predominante na área da pesquisa operacional.

Nesse sentido, ao utilizar a modelagem matemática, é possível percorrer um caminho contrário àquele que, na maioria das vezes, predomina em sala de aula. O que determinará os conceitos a serem abordados em sala de aula é a modelagem, e não uma sequência predefinida de conteúdos para a resolução de questões.

Para se fazer modelagem, é necessário um passo a passo, uma receita, na qual, muitas vezes, é necessário verificar os ingredientes, avaliar se eles podem ser substituídos, retirados ou até mesmo acrescentados para se obter um resultado ainda melhor.

Neste ponto, acreditamos que fomos capazes de cativá-los a escolher a modelagem matemática como uma prática pedagógica, ainda mais quando ela é um importante instrumento pedagógico, que trabalha a pesquisa, a coleta e a análise de dados e a atividade em grupo. Essa tendência da educação matemática é o início de um processo que pode motivar os estudantes a realizar pesquisas e, de posse dos dados experimentais, chegar a modelos e conclusões que detalham os fenômenos em questão, os quais, normalmente, já vêm prontos na maioria dos livros didáticos. Assim, os estudantes aprendem a fazer matemática na medida em que fazem e refazem os modelos.

Mas como podemos fazer a modelagem matemática? Vamos verificar as etapas a seguir.

2.2.2 Etapas da modelagem matemática

> **Importante!**
>
> Alguns autores, como Biembengut (1999), definem a modelagem matemática em três fases; outros, com um número maior, como Almeida, Silva e Vertuan (2013), que utilizam quatro etapas. No entanto, independentemente do número de etapas, a modelagem apresenta as mesmas características que você verificará no decorrer desta seção.

Vamos iniciar nosso estudo comentando as três fases para a modelagem matemática definidas por Biembengut (1999). Esse autor acredita que a **primeira fase** é a escolha do tema. Essa escolha pode ser realizada pelo docente, verificando a adaptação do tema ao nível escolar dos estudantes e prevendo alguns conceitos que serão trabalhados – aqui vale destacar que a modelagem matemática não está prevista na maioria dos currículos didáticos, muito menos existe uma ordem predeterminada de abordagem dos conteúdos –; ou mediante discussões com os estudantes, sendo adotado, desse modo, o tema de maior interesse entre eles (Biembengut, 1999).

Após a definição do tema, os grupos devem pesquisar sobre ele. A pesquisa pode ocorrer no ambiente escolar, familiar ou até mesmo na sociedade, e por meio de variados recursos, como livros, internet, revistas, entrevistas, vivências dos estudantes ou da comunidade etc.

É necessário que o docente auxilie os estudantes no entendimento das questões relacionadas ao tema de pesquisa. As perguntas devem surgir da interação dos grupos; caso isso não aconteça, o professor deve propor meios alternativos que induzam os estudantes a procurar seus próprios problemas (Biembengut, 1999).

A **segunda fase** refere-se à elaboração de hipóteses e questionamentos. Faz-se necessário que as primeiras hipóteses sejam simples e possam ser resolvidas por meio da matemática já estudada. Para tanto, é indispensável que o professor classifique as informações e decida os caminhos a serem trilhados, generalizando e selecionando as informações mais importantes. Desse modo, há um aumento na quantidade de ideias, sendo primordial o estudo de conteúdos matemáticos novos ou, ainda, retomados de outros temas. Nessa fase, os estudantes devem tomar decisões, não sendo necessário que o problema seja solucionado com exatidão; é possível que o professor utilize aproximações ou suposições, buscando um modelo que encaminhe para a solução do problema (Biembengut, 1999).

A **terceira fase** é voltada à resolução do modelo elaborado, e, nela, Biembengut (1999) sugere a utilização de conceitos da álgebra, da geometria, entre outros, para encontrar a solução. Quando o problema é resolvido, há continuidade da modelagem matemática na interpretação dos resultados encontrados, que precisam ser verificados, conferindo-se se são válidos para o problema. É importante comentar as soluções que forem surgindo, questionando os estudantes sobre os conteúdos desenvolvidos.

Quanto à avaliação, ela ocorre durante o desenvolvimento do processo, de modo que se contemple cada item estudado.

Em síntese, as três fases definidas por Biembengut (1999) são:

1. definição do tema;
2. levantamento das hipóteses e questionamentos;
3. resolução do modelo.

Já para Almeida, Silva e Vertuan (2013, p. 15), uma proposta pedagógica envolvendo a modelagem matemática implica quatro fases, "relativas ao conjunto de procedimentos necessários para configuração, estruturação e resolução de uma situação-problema, as quais caracterizamos como: inteiração, matematização, resolução, interpretação de resultados e validação".

A fase de **inteiração** está relacionada à forma como devemos nos informar sobre o assunto, ou seja, pode ser entendida como um contato inicial com o problema a ser trabalhado, objetivando saber mais sobre suas características e seus aspectos. É o momento em que as informações são levantadas para a coleta de dados, podendo esta ser qualitativa ou quantitativa. Nessa fase, ainda acontece a definição do problema, por meio de sua formulação. É importante que demonstremos interesse e conhecimento pelo tema, contribuindo, dessa forma, para a motivação dos estudantes.

Os pontos importantes dessa fase são: a escolha do tema e o levantamento de informações a seu respeito, momento em que os estudantes podem colaborar com pesquisas e sistematizar a coleta de dados. Lembramos que, mesmo se tratando de uma etapa preliminar, ela pode ser ajustada sempre que necessário durante o processo de desenvolvimento da situação-problema, uma vez que novas informações podem surgir.

Na fase de **matematização**, há a necessidade de transformar a linguagem do problema, que pode se apresentar em linguagem natural, em uma linguagem matemática, isto é, por meio da linguagem matemática, evidenciar o problema matemático. Essa etapa é desafiadora, uma vez que, nesse momento, são identificadas as situações envolvidas e a classificação de informações, que podem ou não ser relevantes. Ainda nessa fase, os autores enfatizam a procura e a organização de certa representação matemática que pode estar relacionada aos conceitos e às características do problema escolhido, bem como à forma de resolver matematicamente tais problematizações. As descrições matemáticas decorrentes dessa troca de linguagens são realizadas por meio da seleção de variáveis e da construção de hipóteses e informações simplificadas com relação ao problema escolhido na primeira fase.

A fase de **resolução** é direcionada para a confecção do modelo matemático, que tem a finalidade de detalhar a situação, possibilitando que façamos análises dos itens que julgamos mais importantes, respondendo aos questionamentos que surgirão e organizando considerações para futuras pesquisas. A validação e a conclusão do modelo são necessárias, inclusive, para que possamos definir o quanto esse modelo está relacionado com a situação-problema e se é o mais adequado a ela.

A fase de **interpretação dos resultados e validação** é marcada pela busca de respostas ao problema escolhido. Está relacionada à avaliação do processo, que pode surgir das observações do docente, e à realização de trabalhos, exercícios e avaliações. A realização de observações referentes às respostas obtidas implica a aprovação da representação matemática proposta, considerando a adequação e a sequência matemática.

Como vimos, Biembengut (1999) e Almeida, Silva e Vertuan (2013) apresentam uma organização em fases. No entanto, é importante frisar que a modelagem matemática pode ser considerada de modo dinâmico e não linear, ou seja, sempre que necessário, pode-se retomar qualquer uma das etapas durante o processo.

Agora que entendemos a definição e as etapas da modelagem matemática, vamos voltar nosso olhar a uma prática já realizada que utiliza essa tendência.

2.3 Identificação das etapas da modelagem matemática em uma prática docente*

Para ilustrar as fases da modelagem matemática, destacamos o trabalho de Góes e Luz (2009), sob o título *Maquete: uma experiência no ensino da geometria plana e espacial*, registrado nos anais do XIX Simpósio Nacional de Geometria Descritiva e Desenho Técnico que aconteceu em Bauru (SP) no ano de 2009.

Nesse trabalho, cujo objetivo foi relatar uma experiência no ensino da matemática por meio da utilização de maquetes em turmas de 8º e 9º anos do ensino fundamental, Góes e Luz (2009) ressaltaram como a

---

* As informações desta seção foram extraídas de Góes e Luz (2009).

expressão gráfica se faz presente no processo de elaboração e confecção de uma maquete e a importância de contextos reais em situações-problema.

Para nossa análise, vamos utilizar as fases definidas por Biembengut (1999): (1) escolha do tema; (2) elaboração de hipóteses e questionamentos; e (3) resolução do modelo elaborado.

Na primeira fase, foi realizada a escolha do tema, que, nesse caso, foi feita pelos professores, os quais buscaram desenvolver os conceitos de geometria. Entre os conceitos desenvolvidos estavam a identificação de pontos, semirretas, planos, figuras espaciais e planas, todos atrelados à expressão gráfica na construção de maquetes. O tema foi trabalhado durante todo o ano letivo, abordando conteúdos que auxiliariam os estudantes, com a orientação do professor, na construção do objeto final: a maquete.

Dessa forma, uma das dinâmicas escolhidas pelos professores, uma vez que a escola apresentava três blocos de tamanhos iguais, foi dividir as turmas em dois grupos, e cada um deles em outros três menores, de modo que cada uma das turmas produziu duas maquetes, em diferentes escalas.

Na segunda fase, os professores perguntaram aos estudantes sobre os ambientes que a escola apresentava, por quantos blocos a escola era formada e quantas salas havia em cada bloco. Após esses questionamentos, foi solicitado aos estudantes um esboço a mão livre de uma planta baixa da escola (enfatizamos, neste ponto do trabalho, uma das inteligências múltiplas de Gardner (1995): a visual espacial.

Com base nos rascunhos que os estudantes elaboraram, novos questionamentos surgiram, principalmente na comparação dos desenhos entre grupos responsáveis pelo mesmo bloco.

Os professores apresentaram aos estudantes conceitos matemáticos necessários a essa prática, sendo um deles a proporcionalidade, utilizando-se o método de regra de três simples e unidades de medida, como metro e seus múltiplos e submúltiplos. Dessa feita, os estudantes mediram, com o auxílio de fita métrica, os ambientes da escola e, com base nas medidas tomadas, confeccionaram a planta baixa com escala 1:100. Outros conteúdos trabalhados foram o teorema de Pitágoras e a classificação e a semelhança de triângulos para que os estudantes pudessem construir o telhado da maquete, bem como eles observaram o madeiramento do telhado da escola (Figura 2.1)

É claro que os estudantes foram lembrados de que todas essas informações seriam importantes para a construção da maquete.

Figura 2.1 – Madeiramento do telhado da escola

Conforme indicado por Biembengut (1999), a elaboração do modelo se dá na terceira fase da modelagem e, na prática de Góes e Luz (2009), essa fase foi realizada no final do ano letivo, uma vez que os conteúdos necessários para a modelagem haviam sido estudados durante o período.

De posse das medidas da fachada da escola, os estudantes iniciaram a construção da maquete. Também foi necessário que tivessem domínio dos sólidos geométricos, como cilindros, paralelepípedos, esferas, cubos, pirâmides e cones.

Os estudantes finalizaram a maquete, desenhando-a na escala solicitada pelos professores e medindo todo o espaço da escola, passando, em seguida, à apresentação do modelo para a comunidade escolar.

Perceba que a proposta que analisamos ocorreu durante todo o ano letivo; uma vez que os conceitos iam sendo trabalhados e utilizados para desenvolver certo problema da modelagem matemática. Durante todas as etapas, houve melhora no ensino, transformação social e motivação dos estudantes para fazer as maquetes e aprender os conteúdos.

É evidente que Góes e Luz (2009) recorreram diversas vezes às fases da modelagem matemática, não tendo sido realizado um trabalho linear. No trabalho em questão, os autores perceberam a possibilidade de desenvolver diversos conceitos de geometria daquele nível escolar por meio do tema escolhido.

Dessa forma, destacamos que é de grande importância que o professor utilize a tendência de modelagem matemática para a resolução de situações-problema, a fim de contextualizar o cotidiano do estudante e os conceitos trabalhados ao longo do ano no planejamento pedagógico. Nesse sentido, é possível pensarmos sobre os princípios do conhecimento pertinente, que estão interligados à necessidade de contextualização, de modo a fazer sentido para o indivíduo – em nosso caso, o estudante –, e, assim, abordarmos o conteúdo matemático de modo não fragmentado, visando sempre o vínculo entre as partes e o todo (Morin, 2005a).

Síntese

Neste capítulo, apresentamos a modelagem matemática e as características que uma prática pedagógica precisa ter para ser enquadrada nessa tendência. Abordamos também as etapas dessa prática segundo diferentes autores, evidenciando que o referencial teórico tomado na análise da prática docente que fizemos, e ainda faremos no decorrer desta obra, não é unívoco.

Indicações culturais

Muitas são as experiências sobre modelagem matemática. Então, sugerimos que você analise algumas delas e verifique como outros autores também trabalham com essa tendência:

BISOGNIN, E.; BISOGNIN, V. Explorando o conceito de proporcionalidade por meio da modelagem matemática. In: CONFERÊNCIA INTERAMERICANA DE EDUCAÇÃO MATEMÁTICA, 13., 2011, Recife. **Anais...** Recife: Edumatec-UFPE, 2011. p. 1-11. Disponível em: <https://silo.tips/download/explorando-o-conceito-de-proporcionalidade-por-meio-da-modelagem-matematica>. Acesso em: 9 maio 2023.

CARMINATI, N. L. **Modelagem matemática: uma proposta de ensino possível na escola pública.** 20 f. Artigo científico (Plano de Desenvolvimento da Educação – PDE 2007 – da Formação Contínua do Professor) – Universidade Tecnológica Federal do Paraná, Campina Grande do Sul, 2008. Disponível em: <http://www.diaadiaeducacao.pr.gov.br/portals/pde/arquivos/975-4.pdf>. Acesso em: 9 maio 2023.

GÓES, A. R. T.; GÓES, H. C. A expressão gráfica por meio de pipas na educação matemática. In: ENCONTRO NACIONAL DE EDUCAÇÃO MATEMÁTICA – ENEM, 11., 2013, Curitiba. **Anais...** Guarapuava: SBEM-PR, 2013. p. 1-8. Disponível em: <http://docplayer.com.br/4193128-A-expressao-grafica-por-meio-de-pipas-na-educacao-matematica.html>. Acesso em: 9 maio 2023.

MOTA, R. I. **Modelagem matemática e o esporte contribuindo para o ensino-aprendizagem.** 2005. Disponível em: <https://repositorio.ucb.br:9443/jspui/bitstream/10869/1862/1/Renato%20Icassati%20Mota.pdf>. Acesso em: 9 maio 2023.

Atividades de autoavaliação

1. Analise as afirmações a seguir e marque V para as verdadeiras e F para as falsas.

( ) A utilização da modelagem matemática proporciona aos estudantes habilidades e conhecimentos mais eficazes quanto à aplicação dos conhecimentos matemáticos.

( ) A modelagem matemática vem ganhando espaço nos programas de pós-graduação com a finalidade de criar expectativas relacionadas à sua utilização, proporcionando aos estudantes uma visão da importância e da utilidade dessa tendência no cotidiano escolar.

( ) A modelagem matemática é indicada como um ambiente de aprendizagem em que os estudantes podem utilizar a matemática para investigar e questionar as situações que surgem das demais áreas que englobam o cotidiano.

Agora, marque a alternativa que apresenta a sequência correta:

a) V, F, V.
b) F, V, V.
c) V, V, V.
d) F, F, F.
e) V, V, F

2. Analise as afirmações a seguir e marque V para as verdadeiras e F para as falsas.

( ) Quando se utiliza a modelagem matemática, mesmo não a relacionando diretamente a um problema matemático, ela é uma forma de se trabalhar com atividades na aula de Matemática.

( ) Quando falamos em *modelo matemático*, estamos relacionando o modelo à matemática. Desse modo, esse modelo matemático, que pode ser algébrico ou geométrico, representa, de maneira simplificada, a realidade, podendo ser utilizado em sala de aula.

( ) Ao utilizar a modelagem matemática, é possível percorrer um caminho contrário àquele que, na maioria das vezes, predomina em sala de aula. O que determinará os conceitos a serem abordados em sala de aula é a modelagem, e não uma sequência predefinida de conteúdos para a resolução de questões.

Agora, marque a alternativa que apresenta a sequência correta:

a) V, V, V.
b) V, F, V.
c) F, F, F.
d) F, V, V.
e) V, V, F.

3. Com relação à modelagem matemática, é correto afirmar:

   a) É utilizada exclusivamente para resolver problemas matemáticos.
   b) É a arte de transformar problemas da realidade em problemas matemáticos.
   c) Sempre acontece em três etapas.
   d) É realizada sempre de modo linear.
   e) São os conceitos matemáticos que, como a modelagem matemática, ocorrerão em sala de aula.

4. Sobre a fase da inteiração, definida por Almeida, Silva e Vertuan (2013), é correto afirmar:

   a) Está relacionada à forma como se deve buscar informação sobre o assunto, ou seja, pode ser entendida como um contato inicial com o problema a ser trabalhado, objetivando saber mais sobre suas características e seus aspectos.
   b) É a fase em que se transforma a linguagem do problema em linguagem matemática, isto é, procura-se, com a linguagem matemática, evidenciar o problema matemático envolvido.
   c) É a fase direcionada à confecção do modelo matemático, que tem a finalidade de detalhar a situação, possibilitando que se façam análises dos elementos mais importantes.

d) É a fase em que é realizada a interpretação dos resultados e a validação, sendo marcada pela busca de respostas ao problema escolhido.

e) É a fase em que o assunto já vem definido pelo professor e os estudante devem realizar pesquisas sobre o assunto, procurando saber mais sobre suas características e seus aspectos.

5. Sobre a matematização, definida por Almeida, Silva e Vertuan (2013), é correto afirmar:

a) É a fase da modelagem matemática que está relacionada à forma como devemos nos informar sobre algo, ou seja, pode ser entendida como um contato inicial com o problema a ser trabalhado, objetivando saber mais sobre suas características e seus aspectos.

b) É a fase da modelagem matemática responsável por transformar a linguagem do problema para a linguagem matemática, isto é, procura-se, com a linguagem matemática, evidenciar o problema matemático envolvido.

c) É a fase da modelagem matemática direcionada à confecção do modelo matemático, que tem a finalidade de detalhar a situação, possibilitando que sejam feitas análises dos itens considerados mais importantes.

d) É a fase da modelagem matemática em que se realiza a interpretação e a validação dos resultados, sendo marcada pela busca de respostas ao problema escolhido.

e) É a fase da modelagem matemática em que o professor apresenta aos estudantes a linguagem matemática, para que possam resolver os problemas.

Atividades de aprendizagem

Questões para reflexão

1. Enumere as contribuições do desenvolvimento da modelagem matemática para o cotidiano do estudante fora do ambiente escolar.

2. Analise seu cotidiano e aponte uma situação que poderia ser denominada *modelagem matemática* na qual você a utiliza de maneira espontânea, sem se basear em alguma teoria.

Atividade aplicada: prática

1. Elabore uma atividade didático-pedagógica envolvendo a modelagem matemática. Escolha a quantidade de fases em que desenvolverá a proposta conforme os autores indicados neste capítulo. Tente prever os questionamentos dos estudantes e os conceitos que eles precisarão conhecer e construir para resolver o problema proposto.

Ensino e aprendizado por meio da modelagem matemática

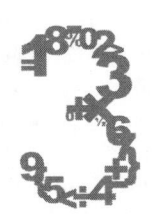

3

Neste capítulo, trataremos do ensino e do aprendizado por meio da modelagem matemática, analisando atividades que abordam essa tendência desde a educação infantil, passando pelos ensinos fundamental e médio e chegando ao ensino superior.

3.1 Prática docente envolvendo modelagem matemática na educação infantil[*]

A proposta que apresentaremos envolvendo a modelagem matemática na educação infantil é de Penteado, Fernandes e Burak (2014), publicada no Encontro Paranaense de Educação Matemática de 2014, com o título *Modelagem matemática na educação infantil e relações possíveis com o paradigma emergente: o relato de uma experiência.*

---

[*] As informações desta seção foram extraídas de Penteado, Fernandes e Burak (2014).

Um dos objetivos do trabalho foi trazer considerações sobre a modelagem matemática e o ensino da matemática baseado no relato da prática realizada na educação infantil.

Nessa proposta, Penteado, Fernandes e Burak (2014) apresentam cinco etapas para a modelagem matemática:

> 1) escolha do tema, 2) pesquisa exploratória, 3) levantamento dos problemas, 4) resolução dos problemas e desenvolvimento do conteúdo matemático no contexto do tema e 5) análise crítica das soluções, sempre levando em consideração o interesse do grupo e a obtenção de informações e dados do ambiente onde o grupo está inserido.

Os últimos pontos (4 e 5) são os princípios fundamentais da perspectiva de Burak (1992). No entanto, a pesquisa exploratória e o levantamento dos problemas fazem parte da segunda fase apresentada por Biembengut (1999), ou seja, duas das fases indicadas por Penteado, Fernandes e Burak (2014) – fases 2 e 3 – são consideradas por Biembengut (1999) como uma única fase, bem como as fases 4 e 5 se incluem, para Biembengut (1999), na fase de resolução do modelo.

A prática foi realizada em 2013, em uma turma de educação infantil, composta de 16 crianças com 4 anos de idade (14 meninos e 2 meninas). Durante o primeiro semestre, todo o conteúdo trabalhado foi resultante das abordagens do livro didático, mas os autores da prática perceberam que as crianças estavam apresentando dificuldades quando o assunto era a construção de conceitos matemáticos, como a relação entre número e quantidade. Por esse motivo, decidiram, para o segundo semestre, propor uma abordagem utilizando a modelagem matemática.

Tal prática foi acolhida pela instituição de ensino, que permitiu a flexibilidade na abordagem dos conteúdos. Assim, foi possível separar o livro didático em temas, como meios de transporte, meios de comunicação, alimentação saudável, meio ambiente e higiene.

Para a escolha do tema a ser trabalhado, os autores apresentaram à turma diferentes assuntos, de acordo com os encaminhamentos do material didático. Assim, os estudantes escolheram o tema *meios de transporte*.

Após a escolha do tema, foi encaminhada a fase da pesquisa exploratória, momento em que a professora regente da turma questionou os estudantes sobre a história dos meios de transporte, levando em consideração a idade das crianças. Outras ideias foram levantadas, como a utilidade dos meios de transporte e a experiência de quem já utilizou tal ou qual meio de locomoção. Nessa etapa, os estudantes conversaram sobre suas experiências com os meios de transporte e realizaram conexões com o meio ambiente e com as leis de trânsito.

Ainda nessa fase, foi formulado o problema, e os estudantes colaboraram com muitos questionamentos sobre os meios de transporte, comparando tamanhos, cores e modelos e relacionando-os à distância e ao espaço.

Na resolução do problema, a última fase da modelagem matemática definida por Biembengut (1999), Penteado, Fernandes e Burak (2014) destacaram o que foi realizado pelos estudantes e ressaltaram os conteúdos matemáticos trabalhados, como tamanhos, cores, formas geométricas, relação entre quantidade e número e utilização do número na sociedade.

Ao tratar do *número na sociedade*, Penteado, Fernandes e Burak (2014, p. 7) afirmaram que as crianças

> conseguiam fazer uma associação do que já sabiam com o conhecimento social, ou seja, a partir do momento em que associamos o desenvolvimento histórico dos meios de transporte, pudemos também relacionar ao avanço da degradação da natureza, e percebemos que, enquanto sujeitos históricos, o desenvolvimento da comodidade humana está dissociado [do] desenvolvimento da preservação da natureza.

Desse modo, surgiu o tema *degradação* por meio de questões relacionadas ao meio ambiente e à alimentação.

No texto, os autores destacam a junção dos conteúdos matemáticos a situações reais, permitindo que as crianças relacionassem o que estudaram ao que foi abordado anteriormente em sala de aula.

A análise crítica da situação-problema foi marcada pelo interesse dos estudantes pelo tema. Nesse sentido, os autores indicam que os estudantes tiveram avanços cognitivos com relação aos conceitos estudados, bem como melhora no comportamento em sala de aula, demonstrando maior interesse pelo aprendizado. Ao final da prática pedagógica, os estudantes construíram um protótipo de submarino, que foi um importante modelo* para abordar os conhecimentos desenvolvidos. Os estudantes classificaram o meio de transporte, levantaram os custos de material para sua construção, pesquisaram como ocorre o funcionamento de um submarino, entre outras observações.

Mesmo com grandes resultados de interação e melhora significativa no aprendizado dos estudantes, foi solicitado pelo setor pedagógico que os docentes retomassem as aulas com base no livro didático. Para Penteado, Fernandes e Burak (2014), esse fato indica que, apesar da flexibilidade para realização das atividades descritas, há certa resistência à mudança por completo, persistindo uma pedagogia tradicional, na qual os conteúdos abordados são determinados pelo livro didático, não pelos desafios que a matemática proporciona.

Vale, aqui, destacar que a pedagogia tradicional trabalha os saberes de modo fragmentado, dando suporte ao pensamento cartesiano e fornecendo um único caminho para fazer algo, em um viés que impossibilita a articulação entre parte e todo, que está relacionado ao conhecimento processado como "educação bancária", tão criticado por Freire (1987).

---

* *Modelo*, na concepção de Penteado, Fernandes e Burak (2014), é entendido como representação; diferentemente de Biembengut (1999), que entende *modelo* como *modelo matemático*.

> **Para saber mais**
>
> RIBEIRO, F. D. **Jogos e modelagem na educação matemática**. Curitiba: InterSaberes, 2012. (Coleção Metodologia do Ensino de Matemática e Física, v. 6).
> Quando decidimos apresentar um trabalho voltado à educação infantil nesta obra, tivemos dificuldades em encontrá-lo. Acreditamos que isso se deve ao fato de que os professores desse nível de ensino desconhecem o que é a modelagem matemática e suas etapas; eles a aplicam em sala de aula, porém sem a formalização e a consciência de cada uma de suas etapas. Por esse motivo, indicamos essa leitura, que fornece uma importante contribuição para alterar esse cenário.

3.2 Prática docente envolvendo modelagem matemática nos anos iniciais do ensino fundamental*

O trabalho selecionado para demonstrar a prática envolvendo modelagem matemática nos anos iniciais do ensino fundamental (1º ao 5º) é o artigo de Luna (2007), sob o título *Modelagem matemática nas séries iniciais do ensino fundamental: um estudo de caso no 1º ciclo*. Esse trabalho foi publicado nos anais da Conferência Interamericana de Educação Matemática no ano de 2007, que ocorreu na cidade de Santiago de Querétaro, no México.

O objetivo principal do trabalho foi verificar aspectos presentes no processo de ensino-aprendizagem de conceitos matemáticos por meio da modelagem matemática. A prática buscou propor discussões sobre a matemática em uma turma com 22 estudantes de segunda série (3º ano) do ensino fundamental de uma escola particular do interior da Bahia.

---

* As informações desta seção foram extraídas de Luna (2007).

Os temas escolhidos foram definidos pela professora regente da turma e a metodologia partiu do viés qualitativo, por meio de estudo de caso.

A proposta da autora surgiu dos levantamentos do grupo de formação de professores do qual ela participava como coordenadora, que apontava para as dificuldades de se estabelecer uma organização referente ao ensino e ao aprendizado da matemática nas séries iniciais do ensino fundamental.

Uma das professoras participantes desse grupo organizou e aplicou a proposta, que enfatizava situações-problema do cotidiano dos estudantes; essas situações-problema receberam o nome de *Circuito Matemático*. Nessa atividade, os estudantes foram induzidos a pesquisar sobre os requisitos necessários para a construção de estabelecimentos comerciais, como bancos, restaurantes, lojas de conveniências, entre outros espaços que estivessem relacionados aos assuntos trabalhados na disciplina de Ciências.

Como a turma em questão havia estudado sobre alimentação saudável no projeto de ciências "Cuide-se bem", na 1ª série, foi sugerido pela professora o tema "Assim funciona um restaurante natural".

Quando a professora sugeriu aos estudantes que eles elaborassem um restaurante natural durante o Circuito Matemático, o convite mobilizou o grupo. Para essa sugestão, ela elaborou a seguinte pergunta: O que vocês acham de montarmos um restaurante natural durante o circuito? Algumas crianças demonstraram desânimo; no entanto, a maioria gostou da ideia.

Depois de responder a questionamentos dos estudantes relacionados ao convite, a professora sugeriu uma visita a um restaurante natural. Nesse momento, os estudantes fizeram uma pesquisa de qual restaurante natural estava localizado mais próximo da escola. Com a visita, foi possível realizar diversas observações sobre o restaurante. Essas observações estavam relacionadas ao cardápio, à organização, entre outros detalhes. Ainda, foi realizada uma entrevista com a proprietária do local, e diversos questionamentos contribuíram para a modelagem matemática.

Embora o tema tenha sido determinado pela professora, os estudantes foram motivados a questionar o assunto, principalmente depois da visita ao restaurante natural. Eles puderam fazer várias perguntas, como o dia da semana mais movimentado, se o maior movimento estava associado ao cardápio etc., conforme destacado a seguir:

Cça [Criança]: – Qual o critério que a senhora utiliza para a escolha dos pratos?

Proprietária: – Procuro saber o que as pessoas estão mais interessadas em comer e então, vou incluindo os pratos no cardápio.

Cça: – Qual dia da semana em que o restaurante tem mais movimento?

Proprietária: – Dia de quarta-feira.

Cça: – Por quê?

Proprietária: – Acho que é por causa do cardápio. São massas: *pizzas*, estrogonofes, lasanhas.

Cça: – Vocês também fazem essas coisas?

Proprietária: – Claro. E fazemos muito mais. Temos hambúrgueres, cachorro-quente, empadinha, tortas. Tudo que vocês estão acostumados a comer em *shoppings* e lanchonetes. Só que com ingredientes diferentes.

Cça: – Que tipo de ingredientes vocês utilizam?

Proprietária: – Trabalhamos com todos os tipos de verduras, legumes e hortaliças. Utilizamos soja, glúten, granola, lentilha, arroz integral, gérmen de trigo, linhaça, castanhas e muitos outros.

Cça: – Quantos pratos são servidos no mesmo dia?

Proprietária: – Temos oito opções fixas e três que se alternam. Fora a variedade de saladas. Feijões mesmo são vários tipos.

Cça: – Que horas vocês começam a cozinhar?

Proprietária: – Tem dias, a depender do cardápio, que começamos às seis horas da manhã.

Cça: – Quanto tempo em média vocês gastam para o preparo dos alimentos?

Proprietária – Mais ou menos 3 a 4 horas por dia.

Profª: – Vocês acham que é muito tempo?

Cça: – Acho que sim. É quase o mesmo tempo que passamos na escola. (Luna, 2007, p. 6-7)

Aqui, lembramos que os questionamentos estão relacionados à segunda fase da modelagem matemática proposta por Biembengut (1999): a pesquisa exploratória.

Depois dos questionamentos respondidos, os estudantes formularam uma pesquisa, que foi realizada com um dos funcionários da escola e demais colegas. O objetivo era verificar o que deveria contemplar o cardápio do restaurante natural que seria apresentado pelos estudantes no Circuito Matemático. Um dos alimentos que despontou na pesquisa realizada foi o sanduíche natural. Assim, os estudantes perceberam a necessidade de pesquisar receitas para ofertarem diferentes sanduíches.

Depois das simulações de elaboração desses sanduíches, os estudantes começaram a projetar como deveria acontecer a comercialização por quilo do produto, visto que já estava determinado por eles que o restaurante da escola iria vender os produtos dessa forma. Com essa projeção, começaram a surgir questionamentos relacionados aos conceitos de matemática, como:

Profª – O quilo do sanduíche está sendo vendido a R$ 8,00 e o sanduíche que a criança X montou deu 500 gramas. Quanto ela irá pagar pelo sanduíche?

Cça – R$ 4,00.

Profª: – Por quê?

Cça – Porque 500 gramas é metade de 1 quilo e 4 é metade 8.

Profª – Ok!

Cça [Profª.] – Para pagar a compra, ela deu uma nota de R$ 10,00. Quanto recebeu de troco?

Cça: – Ela recebeu R$ 6,00.

Profª: – Como você fez para descobrir isso?

Cça: – É fácil. Se ela gastou R$ 4,00 e deu R$ 10,00 para pagar, receberá R$ 6,00, porque 6 + 4 é igual a 10.

Prof^a – Que notas W que está no caixa poderia dar de troco para X?

Cça – Seis notas de R$ 1,00 ou três notas de R$ 2,00 porque 2 + 2 + 2 = 6.

Cça – Ela também poderia dar uma nota de R$ 5,00 e uma nota de R$ 1,00. (Luna, 2007. p. 7)

A balança para pesar o sanduíche não era digital (que fornece o valor exato), e sim de ponteiros. Desse modo, foi necessário que os estudantes efetuassem o cálculo do valor relacionado à massa e trabalhassem com frações do quilo. Nesse momento, o grupo de professoras das turmas sugeriu que os estudantes da segunda série trocassem informações com estudantes da quarta série. Isso se deve ao fato de que a turma da quarta série já tinha visto o conteúdo de frações, que, nesse caso, seria fundamental para auxiliar os colegas idealizadores dos sanduíches.

A troca de informações entre eles foi de grande valia, o que ficou evidente no trecho que destacamos a seguir sobre como deveria ser feito o cálculo do valor de um sanduíche de 200 gramas. Observe as considerações realizadas por um estudante da quarta série: "Cça: – 1 kg foi dividido em cinco partes, assim 200 + 200 + 200 + 200 + 200, e foi tomado um destes 200 para representar o peso do sanduíche. Na hora de pagar, tem que fazer a mesma coisa com os R$ 8,00, dividir em cinco partes. (Luna, 2007, p. 8)".

Os estudantes da quarta e segunda séries, com o auxílio de cédulas e moedas, realizaram a simulação do cálculo citado, chegando à conclusão de que o valor a ser cobrado seria R$ 1,60.

Essas simulações para a resolução dos questionamentos já fazem parte da terceira fase da modelagem matemática indicada por Biembengut (1999): a resolução do modelo. Perceba que as fases não acontecem de maneira linear, conforme já afirmamos no Capítulo 2.

Os conceitos matemáticos de adição, subtração, divisão e multiplicação foram desenvolvidos de modo reflexivo, pois, nesse caso, a turma já tinha conceitos prévios, além de comparações de medidas para a elaboração das receitas.

Luna (2007) enfatiza que a modelagem matemática é um ambiente de aprendizagem que faz conexões, proporcionando um sentido eficaz da matemática para o estudante. Desse modo, também é possível verificar sua importância no cotidiano.

Ao finalizar a apresentação dessa prática, ressaltamos novamente que as etapas da modelagem matemática surgem naturalmente, quando os estudantes têm um objetivo definido, que, no caso apresentado, foi proposto pela professora. A qualificação do tema, que ocorreu quando os estudantes puderam visitar o restaurante, foi de extrema importância para a formulação dos questionamentos e a definição do caminho a ser percorrido. Dessa maneira, as fases ocorreram de maneira não linear, mostrando a versatilidade da tendência em educação matemática.

A não linearidade é o eixo central do pensamento complexo, que incorpora a incerteza, sendo "capaz de contextualizar e globalizar, mas pode, ao mesmo tempo, reconhecer o que é singular e concreto" (Morin, 2018, p. 76).

Segundo Morin (2005b, p. 10, grifo do original), o pensamento complexo

> separa (distingue ou disjunta) e une (associa, identifica); hierarquiza (o principal, o secundário) e centraliza (em função de um núcleo de noções-chave); estas operações, que se utilizam da lógica, são de fato comandadas por princípios "supralógicos" de organização do pensamento ou **paradigmas**, princípios ocultos que governam nossa visão das coisas e do mundo sem que tenhamos consciência disso.

Desse modo, compreendemos que o pensamento complexo está sempre em construção, necessitando de mais pesquisas e questões a serem processadas. Além disso, os estudos sobre a complexidade na perspectiva de Morin (2005b), sobretudo no que se refere ao pensamento complexo, permeiam reflexões acerca do próprio ser humano, bem como sobre o sistema educacional como um todo.

3.3 Prática docente envolvendo modelagem matemática nos anos finais do ensino fundamental*

A prática docente de modelagem matemática no nível ensino fundamental (anos finais) que trazemos como exemplo nesta seção é dos autores Valdinei Cezar Cardoso e Liliam Akemi Kato, denominada *O desenvolvimento de uma atividade de modelagem matemática por meio de vídeos: algumas considerações sobre possíveis estratégias e encaminhamentos*, publicada no VI Congresso Internacional de Ensino da Matemática da Universidade Luterana do Brasil, que aconteceu em Canoas (RS) no ano de 2013.

A proposta foi idealizada com base em pesquisas realizadas pelos autores sobre o uso da modelagem matemática na educação matemática, uma vez que eles se mostravam preocupados em analisar como ocorre a aprendizagem dos conceitos dessa disciplina. A proposta é voltada a estudantes do 9º ano do ensino fundamental e a finalidade é a resolução de um problema tendo como base a modelagem matemática contemplando o uso de vídeos didáticos para explanar o tema *audição*. Para a prática, foram escolhidas duas turmas, uma composta de 21 estudantes, e outra, de 19 estudantes.

Uma das turmas participou da proposta com as orientações sugeridas por vídeos e a outra desenvolveu a proposta com intervenções do professor, que realizou o trabalho de orientação.

A fase da escolha do tema ocorreu quando os professores autores do trabalho sugeriram dois problemas, um para cada turma. O problema 1 era relacionado à comparação entre o tempo de exposição e o nível sonoro, e o problema 2, à comparação entre a idade do sujeito e a frequência sonora.

---

* As informações desta seção foram extraídas de Cardoso e Kato (2013).

A turma M ficou responsável pela resolução do problema 1 e pôde contar com o auxílio da professora para formalizar o processo de construção do conhecimento, por meio de conversas relacionadas à situação cotidiana. Já a turma V ficou responsável pela resolução do problema 2, que foi explanado com auxílio de aula presencial e vídeos para direcionar os estudantes. Segundo os autores, o uso de vídeos como recurso possibilitou uma melhor abordagem do tema.

Cardoso e Kato (2013) utilizaram vídeos para explanar a construção de um modelo matemático que mostrasse quanto tempo um ser humano pode ficar exposto a determinado nível sonoro (problema 1). Com base nessa abordagem, as duas turmas foram direcionadas a discutir sobre o problema 2 e organizar possíveis modelos que relacionassem a idade humana à frequência auditiva. Nessa etapa, os estudantes já estavam desenvolvendo a segunda fase da modelagem matemática indicada por Biembengut (1999): o levantamento das hipóteses ou questionamentos.

A turma V apresentou dúvidas quanto ao problema 2; no entanto, o fácil acesso à internet possibilitou que eles acessassem novamente os vídeos utilizados para a resolução do primeiro problema e, assim, aplicassem o mesmo passo a passo para o segundo problema. Já a turma M, de posse das informações do problema, iniciou o levantamento das hipóteses e, ao levantar dúvidas, solicitou o auxílio da professora, que retomou as explicações.

Ao organizarem os dados em tabelas e indicarem leis de formação de funções, os estudantes apresentaram significativos indicadores de aprendizagem. Nessa etapa, estava ocorrendo a resolução do modelo, como você pode observar no Quadros 3.1, a seguir.

Quadro 3.1 – Procedimentos dos estudantes: aula expositiva e aula com a utilização de vídeos – tarefa 1

Tarefa	Alunos da turma M	Alunos da turma V
Desenvolvimento do Problema 1: Construção do modelo matemático que relaciona o nível sonoro com o tempo máximo de exposição por dia permitido.	Os estudantes participaram da elaboração do modelo matemático, acompanhando e discutindo as explicações fornecidas pela professora, sugerindo as variáveis independente e dependente e escolhendo os parâmetros para a determinação da equação da reta que melhor ajustava-se aos dados. A partir desse modelo, os alunos conseguiram estimar o tempo de exposição permitido para alguns ruídos comuns no dia a dia das pessoas, inclusive os emitidos por aparelhos eletrônicos.	Os alunos assistiram ao vídeo 03 que explicava, passo a passo, os procedimentos para a elaboração do modelo matemático para o Problema 1, sugerindo as variáveis independente e dependente e escolhendo os parâmetros para a determinação da equação da reta que melhor ajustava-se aos dados. Em seguida, cada um dos estudantes construiu seu próprio modelo, para o mesmo problema; alguns seguiram exatamente os mesmos passos apresentados nesse vídeo, obtendo o mesmo modelo sugerido, e outros preferiram escolher caminhos diferentes para a resolução do problema, sendo que, dentre estes, nem todos escolheram as mesmas variáveis dependentes e independentes sugeridas no vídeo.

(continua)

(Quadro 3.1 – continuação)

Tarefa	Alunos da turma M	Alunos da turma V
Desenvolvimento do Problema 2: construção do modelo matemático que relaciona a frequência auditiva com a idade.	A questão a ser resolvida no Problema 2 foi motivada por meio de um teste de capacidade auditiva disponível no *site* do Mundo Educação, que os estudantes acessaram no laboratório de informática. Em seguida, os alunos iniciaram a resolução do Problema 2. Os alunos tiveram a autonomia para resolver a atividade escolhendo e identificando, individualmente, a variável dependente e independente no problema e construindo a função desejada, sem muitas dificuldades. Alguns estudantes, ainda inseguros quanto aos procedimentos a serem adotados, solicitavam a orientação da professora, que prontamente os atendiam [sic] relembrando os encaminhamentos da resolução do Problema 1. A professora não interferiu diretamente na resolução do problema.	Após assistirem ao vídeo 04, sobre a relação entre a idade e a frequência auditiva das pessoas, os estudantes iniciaram a resolução do Problema 2. Alguns alunos já demonstraram segurança para construir o modelo matemático, seguindo os mesmos passos adotados no Problema 1, outros precisaram rever o vídeo 03, que resolvia o Problema 1, para iniciarem seus trabalhos, utilizando raciocínios análogos aos apresentados nesse vídeo. No entanto, apesar da disponibilidade do vídeo 03, alguns estudantes tiveram ideias próprias para a construção do modelo. Por exemplo, no vídeo 03, ao escolherem dois pontos do gráfico para a construção do modelo matemático, propositalmente, escolhemos um dos pontos com uma das coordenadas representada por meio de um número decimal,

(Quadro 3.1 – conclusão)

Tarefa	Alunos da turma M	Alunos da turma V
	Dessa maneira, ficou a cargo dos estudantes a determinação de um modelo matemático que validasse os dados do teste de capacidade auditiva realizada [sic] no início da atividade. Na resolução deste problema, três estudantes escolheram a idade como variável dependente e a frequência como independente, e 18 estudantes fizeram o contrário, adotaram a frequência dependendo da idade. Dos 21 alunos, 15 alunos fizeram a representação gráfica, resolução algébrica e a validação de maneira correta. As dúvidas apresentadas por alguns estudantes se concentraram na resolução do sistema de equações, em procedimentos algébricos e na validação do modelo matemático obtido, neste ponto alguns estudantes apresentaram dificuldades para validar o modelo obtido para diferentes idades.	quando o vídeo foi apresentado aos estudantes, alguns questionaram os motivos de se utilizar números decimais, quando se poderia utilizar números inteiros. E dos estudantes que acertaram o exercício, sete escolheram outros pontos do gráfico para que a manipulação de números decimais fosse evitada, seis escolheram os mesmos pontos do vídeo e quatro erraram o exercício. Os erros cometidos envolviam operações com números decimais, operações com números negativos e manipulações algébricas.

Fonte: Cardoso; Kato, 2013, p. 6-7.

Esse quadro fornece informações relacionadas ao processo de realização dos problemas propostos, que levou os estudantes a buscarem a resolução das situações por meio de investigações atreladas aos conceitos matemáticos. Cardoso e Kato (2013) destacam que, independentemente da forma como ocorreram as abordagens nas turmas M e V, os estudantes conseguiram cumprir as etapas.

Para findar essa análise, não podemos deixar de enfatizar a utilização do vídeo como recurso facilitador durante o processo investigativo, uma vez que os estudantes puderam recorrer a ele sempre que necessário.

3.4 Prática docente envolvendo modelagem matemática no ensino médio[*]

A prática didática que utiliza modelagem matemática voltada ao ensino médio que apresentaremos nesta seção é dos autores Fabiane Fischer Figueiredo e Eleni Bisognin, com o título *A modelagem matemática e o ensino de funções afins*, publicado na 12ª Jornada Nacional de Educação – 2º Congresso Internacional de Educação, que aconteceu no Centro Universitário Franciscano, no ano de 2006, em Santa Maria (RS).

A proposta pedagógica de Figueiredo e Bisognin (2006) surgiu com a finalidade de auxiliar professores de matemática que lecionam para o primeiro ano do ensino médio. O tema trata de comparações das opções de comissões que uma vendedora recebe ao vender produtos cosméticos. Quando se fala em opções de comissões, geralmente são considerados dois tipos: (1) da venda direta e (2) da venda semidireta, que podem gerar vantagens ou desvantagens. Assim, com a atividade, os autores procuraram analisar, de modo social e matemático, a situação-problema.

Para isso, foi sugerido aos estudantes o tema de estudo mediante o seguinte questionamento: "Qual a proposta de comissão mais vantajosa:

---

[*] As informações desta seção foram extraídas de Figueiredo e Bisognin (2006).

a da venda direta ou da venda semidireta dos produtos?" (Figueiredo; Bisognin, 2006, p. 2).

Depois que os estudantes responderam a esse questionamento referente à pesquisa exploratória, pôde ser iniciada a próxima fase da modelagem matemática, que se refere ao levantamento de questionamentos. Os estudantes refletiram sobre qual proposta seria mais vantajosa e, para descobrir isso, realizaram uma entrevista com uma vendedora, momento no qual fizeram alguns levantamentos, a saber:

> Todo mês são lançadas duas Campanhas (duas revistas), onde [sic] há vendedoras que vendem direto e ganham 30% de comissão. Para tanto, é obrigatório participar das reuniões do grupo e vender alguns produtos que vêm separado da revista, ou seja, produtos extras e que se não forem vendidos devem ser adquiridos pelas vendedoras. Uma segunda modalidade são as vendedoras que vendem semidireto e ganham 20% de comissão. Essas vendedoras vendem para alguém que vende diretamente, sendo que estas não têm o compromisso de participar das reuniões e nem de vender os produtos extras. Também, esse tipo de comissão não é oficial da Empresa [...], pois foram as vendedoras que vendem diretamente que criaram essa modalidade para venderem mais e com ajuda de outras pessoas. (Figueiredo; Bisognin, 2006, p. 2-3)

Depois de coletadas as informações pelos estudantes, foi indicado um valor fixo de R$ 10,00 ao mês, relacionado a produtos extras, para que fosse iniciada a pesquisa da situação-problema. Além disso, foi realizada uma pesquisa sobre o histórico da empresa e como se dava sua venda. Seu público-alvo eram mulheres e a venda estava fundamentada nas vias indiretas no princípio de sua criação, porém, na atualidade, ela optou pelo sistema direto, fato que lhe dá o segundo lugar em vendas de cosméticos e produtos de beleza no Brasil, contando ainda com 1 milhão de vendedoras autônomas.

Os estudantes pesquisaram na internet dados sobre quantidade de participantes de vendas, faturamento da empresa, quantidade de folhetos para divulgação dos produtos, ação que proporcionou um panorama de valores comercializados, bem como informação sobre os produtos ofertados pela empresa.

Com base nos dados, os autores enfatizam o levantamento da seguinte situação:

> Para aumentar a renda de sua família, uma pessoa decidiu vender os produtos da Revista [...]. Para ser uma revendedora, ela procurou a responsável pelas vendas em sua cidade, que lhe deu duas opções de comissão sobre os produtos vendidos: uma delas era vender os produtos diretamente, recebendo uma comissão de 30% sobre o total do lucro obtido. Dentro dessa proposta, ela deveria participar de todas as reuniões e ainda pagar uma taxa de adesão ao grupo de R$ 10,00 mensais. Uma segunda alternativa seria venda semidireta, na qual a representante receberia uma comissão de 20% e não pagaria a taxa de adesão mensal. (Figueiredo; Bisognin, 2006, p. 4)

Com isso, o questionamento levantado no início da proposta foi retomado: Qual a proposta de comissão mais vantajosa: a da venda direta ou semidireta dos produtos da revista? Com base nele, os estudantes deram início à terceira fase da modelagem matemática, cuja finalidade é a resolução do modelo. Em um primeiro momento, para responder à questão, foi elaborado um quadro com valores pertinentes às comissões dos dois tipos de venda. Os estudantes avaliaram que, para vendas inferiores a R$ 100,00, a venda direta traz prejuízo para a pessoa que revende o produto; já se a venda for semidireta, traz lucro para um valor maior que R$ 100,00. Foi analisado também que "os valores variaram de 3 em 3 reais, começando em – R$ 10,00 e na comissão da venda semidireta os valores variaram de 2 em 2 reais, começando em zero" (Figueiredo; Bisognin, 2006, p. 5).

A Tabela 3.1, a seguir, mostra a análise realizada.

Tabela 3.1 – Tabela dos valores das comissões direta e semidireta

Total vendido em R$	Comissão da venda direta (R$)	Comissão da venda semidireta (R$)
0	-10	0
10	-7	2
20	-4	4
30	-1	6
40	2	8
50	5	10
60	8	12
70	11	14
80	14	16
90	17	18
100	20	20
110	23	22
120	26	24
130	29	26
140	32	28
150	35	30
160	38	32
170	41	34
180	44	36
190	47	38
200	50	40

Fonte: Figueiredo; Bisognin, 2006, p. 4.

Após essas análises, os estudantes formularam a função *lucro*, cuja simulação seria de uma revendedora enquadrada na venda direta, que paga 30% de comissão, com taxa fixa de R$ 10,00 ao mês, sendo determinado L(x) = 0,30x – 10. Na venda semidireta, a porcentagem de comissão é de 20%, com a função G(x) = 0,20x.

O gráfico com as simulações das funções no mesmo plano é representado a seguir.

Gráfico 3.1 – Gráfico das funções L(x) e G(x)

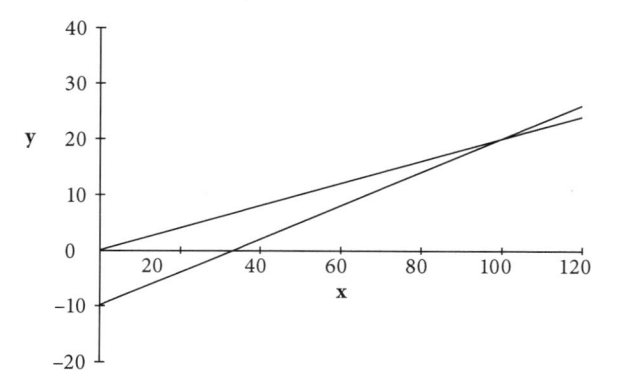

Fonte: Figueiredo; Bisognin, 2006, p. 5.

Por meio dessa representação, os estudantes observaram que, para valores menores que R$ 100,00, a venda semidireta é mais vantajosa, e para valores maiores que R$ 100,00, é mais vantajosa a venda direta. A representação gráfica auxiliou os estudantes na interpretação dos dados, reafirmando hipóteses anteriores.

Mesmo o valor da comissão resultante da venda semidireta sendo menor do que o da venda direta, os autores ressaltam o ponto de vista social, pois muitas vendedoras não têm condições de pagar a taxa mensal.

Além das observações citadas, os estudantes levantaram outras questões com base na representação gráfica resultante das funções, a saber:

a) Que significado tem o coeficiente angular das retas?

b) Para que valor de vendas as vendedoras recebem comissões iguais?

c) Se o valor obtido das vendas for de R$ 80,00, qual a diferença entre as comissões obtidas da venda direta e da semidireta? Justifique porque nesse caso a comissão obtida da venda semidireta é mais vantajosa.

d) Ainda, de acordo com a história da empresa e do faturamento obtido no Brasil, qual é o valor aproximado das comissões de venda? Faça um comparativo das comissões de venda. Faça um comparativo com o valor do salário-mínimo. (Figueiredo; Bisognin, 2006, p. 6)

Com essa prática, Figueiredo e Bisognin (2006) concluíram que o uso da modelagem matemática possibilitou aos estudantes a construção de modelos que representaram a situação da diferença dos tipos de venda direta e semidireta dos produtos da empresa em questão, bem como a utilização de *softwares* para a construção de gráficos para ilustrar essa comparação, proporcionando, desse modo, uma análise de cunho social sobre as revendedoras e a construção do pensamento crítico por parte deles.

3.5 Prática docente envolvendo modelagem matemática no ensino superior[*]

A modelagem matemática também pode ser utilizada no ensino superior. Um exemplo é a proposta da dissertação de mestrado de Elaine Cristina Ferruzzi, cujo título é *A modelagem matemática com estratégia de ensino e aprendizagem do cálculo diferencial e integral nos cursos superiores de tecnologia*.

A proposta foi desenvolvida em uma turma de Tecnologia em Eletrotécnica com a utilização de três horas-aula. A finalidade foi apresentar aos estudantes os procedimentos de modelagem matemática envolvendo dados simples de matemática, como a resistência de um material condutor.

---

[*] As informações desta seção foram extraídas de Ferruzzi (2003).

Pela descrição, podemos depreender que a primeira fase da modelagem matemática foi estabelecida pela professora. Para o encaminhamento da definição do problema, foram levantadas algumas questões:

> Uma linha elétrica é um conjunto constituído por um ou mais condutores e com os elementos de sua fixação ou suporte, destinada a transportar energia elétrica ou a transmitir sinais elétricos. Por exemplo: a linha que conduz energia elétrica da usina geradora até nossas casas e que distribui do transformador até cada ponto da casa.
>
> Os condutores elétricos são os principais componentes destas linhas elétricas, uma vez que a eles compete o transporte da energia ou dos sinais elétricos. Um dos fatores importantes que é levado em consideração no planejamento de um projeto de instalação elétrica é a capacidade de condução da corrente.
>
> Esta capacidade de condução da corrente é a corrente máxima que pode ser conduzida continuamente pelo condutor, em condições especificadas, sem que sua temperatura em regime permanente ultrapasse um valor especificado. Estas condições referem-se à temperatura ambiente, ao tipo de projeto (industrial, residencial etc.). (Ferruzzi, 2003, p. 66)

Com esses apontamentos, foi encaminhada a definição da situação-problema, que se deu de maneira conjunta, depois de discussões entre os estudantes e a professora. Após algumas análises sobre como ocorre o funcionamento do circuito, os estudantes levantaram as seguintes questões: "Se existe alguma relação entre a tensão, a corrente e a resistência de um material, qual é esta relação? Qual é o modelo matemático que descreve esta relação?" (Ferruzzi, 2003, p. 73). Com base nesse questionamento, foi construída, pelos estudantes e pela professora, a situação-problema, que buscava "um modelo matemático que descreva o comportamento da corrente que flui em um circuito, em relação à tensão aplicada e ao resistor do equipamento" (Ferruzzi, 2003. p. 73).

Antes de iniciar a etapa de resolução do modelo, os estudantes definiram as variáveis (*I* para a corrente, medida em amperes, e *U* para a tensão, medida em volts) e o procedimento (foram sugeridos quatro circuitos fechados: ferro de passar, chuveiro com chave *inverno* ativada, chuveiro com chave *verão* ativada e secador de cabelo, ficando cada grupo responsável pela escolha do circuito). Em seguida, eles procederam à produção de dados, que foi realizada com a utilização de um amperímetro, uma fonte de tensão e *u*m voltímetro.

Ao aplicar tensões diferentes no equipamento escolhido, cada equipe verificou os dados mediante experimentos, que, na sequência, foram organizados em tabelas e representados por meio de gráficos, conforme reproduzido a seguir.

Tabela 3.2 – Dados analisados sobre o ferro de passar

U	I
0	0
5	0,35
10	0,7
20	1,45
30	2,13
40	2,84
50	3,6
60	4,31
70	5
80	5,73
120	8,5

Fonte: Ferruzzi, 2003, p. 74.

Gráfico 3.2 – Tendências dos dados observados

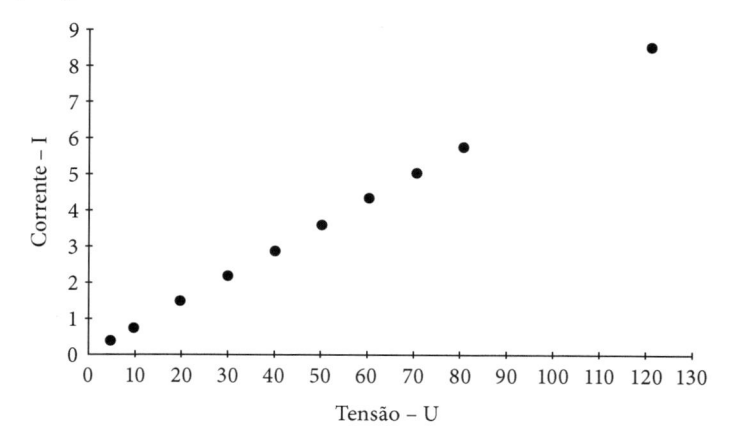

[Gráfico de dispersão: eixo x "Tensão – U" de 0 a 130; eixo y "Corrente – I" de 0 a 9]

Fonte: Ferruzzi, 2003, p. 75.

Ao produzirem os dados e realizarem a representação gráfica, os estudantes necessitaram da intervenção da professora, que pediu a eles que observassem os dados da tabela e do gráfico para, então, tirarem uma conclusão do modelo relacionado aos dados produzidos.

Os estudantes iniciaram vários questionamentos a partir dos dados levantados, a saber:

> Andréia: Então anota aí... Se a gente colocar 5 na tensão, a gente encontra 0,35 de corrente... Se a gente colocar 10 a gente encontra 0,7 de corrente...
>
> Érica: Quer dizer, se mudamos a tensão, a corrente também muda. Se a gente aumenta uma a outra também aumenta...
>
> Andréia: Se for 5 temos 0,35...
>
> Fernando: Pegue o 10 que vai ficar mais fácil...
>
> Andréia: Tá. Se a gente tem 10 na tensão encontramos I = 0,7.
>
> Ana: Acho que se multiplicar o 10. Espere aí... se a gente multiplicar o 10 por 0,07 dá o 0,7...
>
> Fernando: E para os outros valores?

Ana: Deixa eu ver... Se pegarmos o 5 e multiplicarmos por 0,07 teremos 0,35... Deu certo.

Érica: E se for o 20? Vai dar 1,4 e o valor que temos é 1,45...

Adalberto: É, mas o professor de eletricidade já falou que os aparelhos não são tão precisos... podem ter erros pequenos.

Fernando: Tenta outro...

Ana: Vamos pegar o 70. 70 vezes 0,07 dá 4,9. Tá certo... a diferença é muito pequena, o erro é da precisão do aparelho...

Adalberto: Professora... Já sabemos. É só multiplicar a tensão por 0,07 que a gente encontra a corrente. Olha... (mostrando os cálculos)

Professora: Muito bem, então escrevam isso.

Ana: A corrente é igual a tensão vezes 0,07.

Professora: Substitua suas palavras por símbolos matemáticos, tem jeito?

Ana: Tem sim. I = 0,07. U. Tá certo?

Professora: Acho que sim. Vocês fizeram os cálculos certos, não é?

Ana: Fizemos. Dá uma diferença bem pequena... (Ferruzzi, 2003, p. 76-77)

Desse modo, os estudantes concluíram que a corrente depende da tensão e a forma matemática é I(U) = 0,07 U.

Na sequência, os demais grupos apresentaram a relação estabelecida de acordo com o circuito fechado escolhido.

Tabela 3.3 – Relação entre corrente e tensão

EQUIPE	CIRCUITO FECHADO	EQUAÇÃO
Equipe 1	Chuveiro com chave de inverno ativada	I(U) = 0,32 U
Equipe 2	Chuveiro com chave de verão ativada	I(U) = 0,43 U
Equipe 3	Secador de cabelo	I(U) = 0,011 U
Equipe 4	Ferro de passar roupas	I(U) = 0,07 U

Fonte: Elaborado com base em Ferruzzi, 2003.

Segundo Ferruzzi (2003), ficou evidente que a proposta de modelagem matemática obteve sucesso, visto que os estudantes concluíram a atividade relacionando a corrente I, medida em amperes, com a tensão U, medida em volts.

Por se tratar de uma dissertação de mestrado, diversos outros pontos foram levantados, porém, com base no que expusemos até aqui, já é possível identificar as etapas que constituem a tendência educacional.

Assim, concluímos este capítulo, no qual apresentamos práticas pedagógicas nos diversos níveis de ensino, mostrando como a tendência da modelagem matemática pode ser aplicada.

Síntese

Neste capítulo, expusemos diversas práticas docentes envolvendo a modelagem matemática. A escolha de apresentar uma atividade para cada nível de ensino (educação infantil, ensino fundamental anos iniciais e finais, ensino médio e ensino superior) objetivou ilustrar como essa tendência da educação matemática está presente no ensino.

Ainda, durante as análises dos trabalhos apresentados, reforçamos quais são as etapas da modelagem matemática que, segundo Biembengut (1999), caracterizam uma prática pedagógica nessa tendência.

Indicações culturais

Destacamos outra prática de modelagem matemática aplicada aos anos iniciais do ensino fundamental:

LUNA, A. V. de A.; SOUZA, E. G.; SANTIAGO, A. R. C. M. A modelagem matemática nas séries iniciais: o gérmen da criticidade. **Alexandria – Revista de Educação em Ciência e Tecnologia**, Florianópolis, v. 2, n. 2, p. 135-157, jul. 2009. Disponível em: <https://periodicos.ufsc.br/index.php/alexandria/article/view/37958/28986>. Acesso em: 9 maio 2023.

Indicamos também a leitura de outra prática de modelagem matemática nos anos finais do ensino fundamental:

FORTES, E. de V.; SOUZA JUNIOR, A. W. de; OLIVEIRA, A. M. L. de. O uso de modelagem matemática no ensino de funções nas séries finais do ensino fundamental: um estudo de caso. **Itinerarius Reflectiones**, v. 2, n. 15, 2013. Disponível em: <https://revistas.ufg.br/rir/article/view/26414/19281>. Acesso em: 9 maio 2023.

Trazemos a indicação de mais uma prática de modelagem matemática desenvolvida no ensino médio:

BARBOSA, J. C. A "contextualização" e a modelagem na educação matemática do ensino médio. In: ENCONTRO NACIONAL DE EDUCAÇÃO MATEMÁTICA, 8., 2004, Recife. **Anais...** Recife: SBEM, 2004. Disponível em: <https://www.academia.edu/4561571/A_contextualizacao_e_a_modelagem_na_educacao_matematica_do_EM>. Acesso em: 9 maio 2023.

Ainda, sugerimos a leitura de mais uma prática docente de modelagem matemática no ensino superior:

VERTUAN, R. E.; SILVA, K. A. P. da; BORSSOI, A. H. Modelagem matemática em disciplinas do ensino superior: o que manifestam os estudantes? **Educere et Educare**, v. 12, n. 24, jan./abr. 2017. Dossiê: Modelagem matemática na educação matemática – cenário atual. Disponível em: <https://e-revista.unioeste.br/index.php/educereeteducare/article/view/15391>. Acesso em: 9 maio 2023.

Atividades de autoavaliação

1. Considerando a prática de Penteado, Fernandes e Burak (2014), analise as afirmações a seguir e marque V para as verdadeiras e F para as falsas.

    ( ) A fase exploratória da pesquisa foi marcada pelos questionamentos aos estudantes a respeito da história dos meios de transporte, considerando a idade das crianças.

    ( ) A proposta a ser trabalhada com as crianças foi determinada pela professora, em razão da necessidade de se trabalhar os tipos de meio de transporte existentes e suas contribuições para os usuários.

( ) A última etapa da atividade está relacionada à formulação do problema, momento em que os estudantes auxiliaram com os questionamentos, comparando os meios de transporte, bem como modelos, tamanhos e formas.

Agora, marque a alternativa que apresenta a sequência correta:

a) V, F, V.
b) F, V, V.
c) V, F, F.
d) F, F, F.
e) V, V, F.

2. Observando a prática de Figueiredo e Bisognin (2006), analise as afirmações a seguir e marque V para as verdadeiras e F para as falsas.

( ) O tema foi sugerido aos estudantes com base em um questionamento referente ao tipo de venda que apresentava a comissão mais vantajosa: venda direta ou venda semidireta de produtos cosméticos.

( ) Os professores que aplicaram essa prática puderam concluir que a utilização da modelagem matemática auxiliou na construção de modelos, representando a comparação entre as vendas direta e semidireta, inclusive ressaltando a análise de cunho social das revendedoras.

( ) Um dos encaminhamentos da fase do levantamento dos questionamentos, ou seja, a segunda fase da modelagem matemática, foi efetivado por meio de entrevista realizada com uma vendedora.

Agora, marque a alternativa que apresenta a sequência correta:

a) V, V, F.
b) V, F, V.
c) F, F, F.
d) V, V, V.
e) F, V, V.

3. Com base no texto de Ferruzzi (2003), analise as afirmações a seguir e marque V para as verdadeiras e F para as falsas.

( ) O tema trabalhado com o uso da modelagem matemática foi escolhido pelos estudantes com base na necessidade de saber como funcionava a resistência de um material condutor.

( ) Antes da etapa de resolução do modelo, foram definidas variáveis, como I para a corrente, medida em amperes, e U para a tensão, medida em volts.

( ) Como proposta, foram sugeridos quatro tipos de circuitos diferentes, de modo que cada grupo pudesse aplicar tensões distintas no equipamento escolhido e, mediante esses dados, organizar tabelas e gráficos.

Agora, marque a alternativa que apresenta a sequência correta:

a) V, V, F.
b) F, V, V.
c) F, F, F.
d) V, V, V.
e) F, F, V.

4. Considerando a prática de modelagem matemática voltada para as séries finais do ensino fundamental de Cardoso e Kato (2013), analise as afirmações a seguir e marque V para as verdadeiras e F para as falsas.

( ) Para a resolução do modelo, em uma das turmas, os autores propuseram o uso do vídeo com a finalidade melhorar a abordagem do tema *audição*.

( ) Para que fosse possível a aplicação da modelagem matemática, foi sugerida a organização de dois problemas: um relacionado à comparação entre o tempo de exposição e o nível sonoro; e outro relacionado à comparação entre a idade do sujeito e a frequência sonora.

( ) Após o levantamento das informações, a turma M iniciou o levantamento de hipóteses e, ao se deparar com dúvidas, acessou novamente o vídeo utilizado para a resolução do segundo problema.

Agora, marque a alternativa que apresenta a sequência correta:

a) V, V, F.
b) F, V, V.
c) F, F, F.
d) V, V, V.
e) V, F, V.

5. De acordo com a prática envolvendo modelagem matemática nas séries iniciais de Luna (2007), analise as afirmações a seguir e marque V para as verdadeiras e F para as falsas.

( ) A determinação do tema *Assim funciona um restaurante natural* foi decorrente de um projeto anterior na área de ciências, "Cuide-se bem", realizado na primeira série.

( ) Como parte da fase de levantamento de questionamentos da modelagem matemática, os estudantes fizeram uma visita a um restaurante, com a finalidade de levantar dados importantes para colocar a proposta em prática.

( ) Para verificar por quanto o sanduíche de 200 g deveria ser vendido, os estudantes da segunda série contaram com o auxílio de estudantes da quarta série, concluindo a resolução do modelo.

Agora, marque a alternativa que apresenta a sequência correta:

a) V, V, F.
b) F, V, V.
c) F, F, F.
d) V, V, V.
e) V, F, V.

Atividades de aprendizagem

Questões para reflexão

1. Segundo Biembengut (1999), a modelagem matemática é composta de três etapas. No entanto, considerando que o ambiente escolar deve estimular reflexões e dinâmicas convenientes a cada nível de ensino, é necessário que o professor explicite aos estudantes as etapas que estão sendo desenvolvidas na metodologia?

2. Neste capítulo, você verificou diversas práticas docentes sobre a modelagem matemática, desde a educação infantil até o ensino superior, envolvendo a disciplina de Matemática. Pesquise e indique de que forma essa metodologia é abordada por outras áreas do conhecimento.

Atividade aplicada: prática

1. Agora que você já analisou como ocorrem as fases da modelagem matemática em práticas do cotidiano educacional, escolha um artigo e realize a análise e a descrição das etapas com base em Biembengut (1999).

Modelagem matemática e interdisciplinaridade

Neste capítulo, discutiremos as diferenças entre as abordagens disciplinar, multidisciplinar, pluridisciplinar, interdisciplinar e transdisciplinar. Como foco de estudos, aprofundaremos a abordagem interdisciplinar, baseada principalmente nos textos de Ivani Fazenda (2011, 2012).

Nesse sentido, será possível compreender a diferença entre as abordagens educacionais citadas, identificando principalmente as características da abordagem interdisciplinar. Como forma de exemplificação da abordagem interdisciplinar, apresentamos a análise de uma prática docente envolvendo modelagem matemática nessa abordagem educacional.

4.1 Abordagens educacionais

Muitas são as abordagens metodológicas para o ensino e o aprendizado da matemática, como o tema central deste livro, a modelagem matemática (Biembengut, 1999), a etnomatemática (D'Ambrosio, 2005), a resolução de problemas (Polya, 1978; Pozo; Echeverría, 1998), as investigações matemáticas (Ponte; Brocardo; Oliveira, 2005), a história da matemática (Boyer, 1996), a informática na educação matemática (Borba; Penteado, 2007), entre outras que vêm sendo estudadas há muito tempo por pesquisadores da área de educação matemática.

Você já sabe que a ciência matemática está presente em nosso cotidiano – seja nas formas geométricas, seja no tempo (em situações de comércio, dados estatísticos e econômicos estampados nos jornais impressos e televisivos), seja em outras situações – e, muitas vezes, não nos damos conta de como ela faz parte de nossa vida.

Quanto à educação matemática, seu objetivo principal é verificar quais instrumentos metodológicos podem ser utilizados no processo de ensino-aprendizagem da matemática para a melhor compreensão dessa ciência no ambiente escolar. Além disso, procura estudar como ocorre o conhecimento matemático no ser humano, mostrando a importância da ciência e seu reconhecimento no meio científico.

Desse modo, são geradas situações para que o estudante compreenda que a matemática é transformadora, oportunizando experiências reais e, consequentemente, melhora na qualidade de ensino.

> **Importante!**
>
> Os objetivos da educação matemática só serão alcançados se o docente pensar em todos os fatores que envolvem o processo de ensino-aprendizagem. Esses fatores são iniciados com as fundamentações de tendências do ensino e se desenvolvem até a estruturação das aulas (o modo de trabalho, a organização da sala de aula, a gestão do tempo etc.).

Além das várias tendências apresentadas no início desta seção, existem abordagens que não estão relacionadas apenas ao ensino da matemática, como as abordagens disciplinar, multidisciplinar, pluridisciplinar, transdisciplinar e interdisciplinar.

De maneira breve e sistemática, Fazenda (2011, p. 54, grifo do original) assim define esses termos:

> **Disciplina** – Conjunto específico de conhecimentos com suas próprias características sobre o plano do ensino, da formação dos mecanismos, dos métodos, das matérias.
>
> **Multidisciplina** – Justaposição de disciplinas diversas, desprovidas de relação aparente entre elas. Ex.: música + matemática + história.
>
> **Pluridisciplina** – Justaposição de disciplinas mais ou menos vizinhas nos domínios do conhecimento. Ex.: domínio científico: matemática + física.
>
> **Interdisciplina** – Interação existente entre duas ou mais disciplinas. Essa interação pode ir da simples comunicação de ideias à integração mútua dos conceitos diretores da epistemologia, da terminologia, da metodologia, dos procedimentos, dos dados e da organização referentes ao ensino e à pesquisa. Um grupo interdisciplinar compõe-se de pessoas que receberam sua formação em diferentes domínios do conhecimento (disciplinas) com seus métodos, conceitos, dados e termos próprios.
>
> **Transdisciplina** – Resultado de uma axiomática comum a um conjunto de disciplinas (ex. Antropologia, considerada "a ciência do homem e de suas obras", segundo a definição de Linton).

De modo a deixar essas definições mais claras, vamos conferir as representações de Francischett (2005) que as exemplificam. Nelas, a autora representa cada disciplina com um retângulo.

Figura 4.1 – Representação da multidisciplinaridade

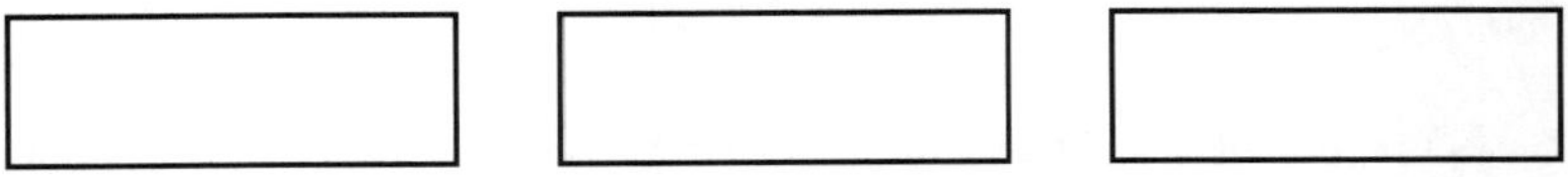

Fonte: Francischett, 2005, p. 3.

Na **multidisciplinaridade**, os retângulos não apresentam ligação entre si, o que significa que existe apenas um diálogo em paralelo entre as disciplinas, sem relação entre elas.

Figura 4.2 – Representação da pluridisciplinaridade

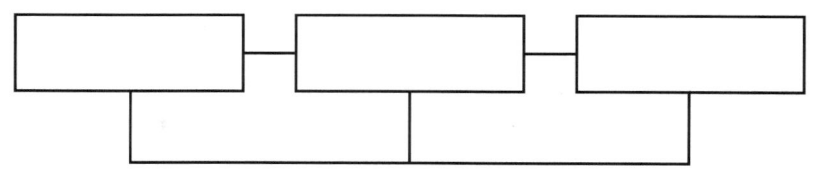

Fonte: Francischett, 2005, p. 3.

Na **pluridisciplinaridade,** há relação entre as disciplinas, que se encontram justapostas e no mesmo nível (alinhadas superiormente), bem como interligadas, de modo que uma disciplina pode se conectar a qualquer outra (Francischett, 2005).

Figura 4.3 – Representação da interdisciplinaridade

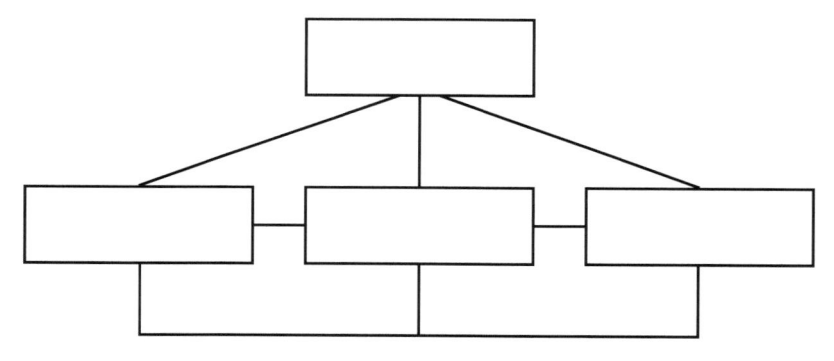

Fonte: Francischett, 2005, p. 3.

Na **interdisciplinaridade**, conforme Francischett (2005), há a composição de um grupo de disciplinas, cada uma sob responsabilidade de um especialista. Existe uma disciplina que coordena as demais ou na qual o problema surgiu; dessa forma, tal disciplina necessita das demais para a resolução dos problemas, por meio de troca intensa de conhecimento entre especialistas. Na Figura 4.3, temos uma disciplina principal, na parte superior da representação, que está interligada a outras disciplinas. As disciplinas que estão representadas na parte inferior da figura estão interligadas.

Figura 4.4 – Representação da transdisciplinaridade

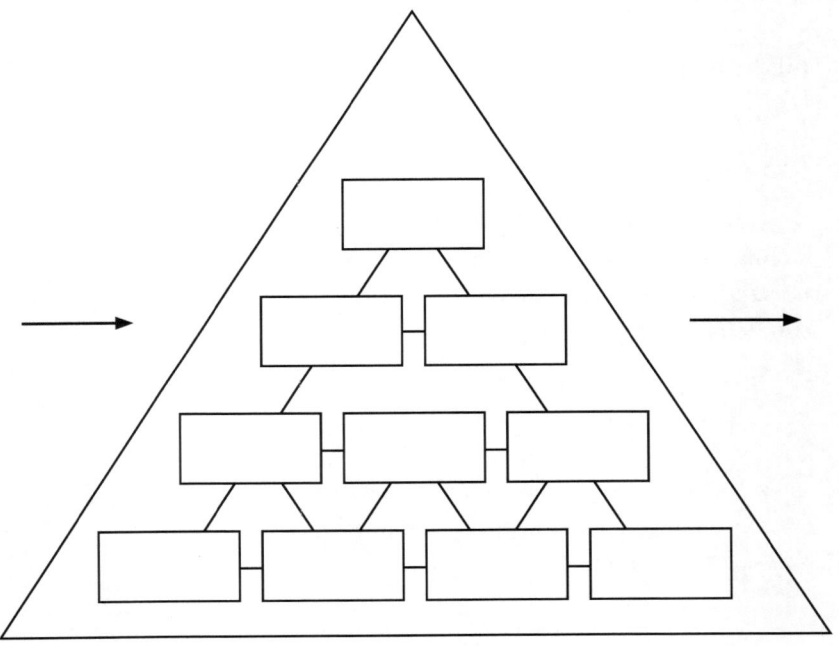

Fonte: Francischett, 2005, p. 4.

Na **transdisciplinaridade**, há a coordenação de todas as disciplinas, todas elas com a mesma finalidade. Na representação a seguir (Figura 4.4), temos um triângulo que contorna as disciplinas. O triângulo representa o conhecimento. Dessa forma, a representação indica que o conhecimento é gerado por diversas disciplinas, todas interligadas entre si; assim, não há distinção entre elas.

Sobre a *transdisciplinaridade*, Nicolescu (2001, p. 5) apresenta cuidadosamente o termo como algo diferente da interdisciplinaridade e da pluridisciplinaridade, com o intuito de buscar "traduzir a necessidade de uma alegre transgressão das fronteiras entre as disciplinas, sobretudo no campo do ensino, para ir além da pluri e da interdisciplinaridade". Não significa uma nova disciplina, mas uma abordagem, uma perspectiva que pretende resgatar o indivíduo e sua esperança e possibilita um diálogo que potencializa o imaginário e a ciência, uma vez que "o real é uma dobra do imaginário e o imaginário é uma dobra do real" (Nicolescu, 2001, p. 73).

Agora que conferimos as diferentes abordagens, vamos nos aprofundar na abordagem que nos interessa neste estudo: a interdisciplinar.

4.1.1 Abordagem interdisciplinar

O prefixo *inter* significa "entre", já *disciplinaridade* refere-se à "disciplina" – em nosso caso, "escolar ou científica" –, ou seja, *interdisciplinaridade* é a relação existente entre diversas disciplinas no ambiente educacional que se complementam para resolver um problema.

> **Preste atenção!**
>
> No desenvolver de temas, a interdisciplinaridade geralmente é percebida quando os estudantes buscam soluções para problemas em outras disciplinas ou áreas do conhecimento. Essa abordagem não é exclusiva da matemática, visto que diversas disciplinas são envolvidas. No entanto, esse modo de ensinar e aprender não está muito presente no ambiente educacional, uma vez que o próprio currículo induz à dissociação das disciplinas, ou seja, cada professor trabalha seus conteúdos separadamente, por áreas do conhecimento. Podemos dizer que, muitas vezes, cada professor permanece em sua "caixinha de conhecimento", não propiciando um conhecimento amplo e integrado a seus estudantes. Assim, o professor deve estar aberto a modificar suas metodologias em prol da qualidade de ensino, utilizar sua autonomia para trilhar esse caminho, estando aberto ao novo, ao incerto, pois "viver é uma aventura que implica incertezas sempre renovadas" (Morin, 2015, p. 25).

O movimento da interdisciplinaridade, segundo Fazenda (2012), teve início na Europa, na década de 1960, com a busca de um conhecimento em sua totalidade. Um de seus principais precursores foi Georges Gusdorf (1912-2000).

> Gusdorf apresentou em 1961 à Unesco um projeto de pesquisa interdisciplinar para as ciências humanas – a ideia central do projeto seria reunir um grupo de cientistas de notório saber para realizar um projeto de pesquisa interdisciplinar nas ciências humanas. A intenção desse projeto seria orientar as ciências humanas para a **convergência**, trabalhar pela unidade humana. Dizia ele que apesar de essa unidade ser um "estado de espírito", poderia ser presenciada nos momentos de pesquisa. (Fazenda, 2012, p. 19, grifo do original)

Assim, o projeto proposto por Gusdorf pretendia diminuir a distância existente entre as diversas teorias das ciências humanas. Esse estudo foi retomado diversas vezes no decorrer daquela década e, paralelamente a ele, outros surgiram.

No início da década de 1970, foram apontados os principais problemas do processo de ensino-aprendizagem nas universidades, e uma forma de contorná-los seria a interdisciplinaridade (Fazenda, 2012).

> Do ensino universitário deveria se exigir uma atitude interdisciplinar que se caracterizaria pelo respeito ao ensino organizado por disciplinas e por uma revisão das relações existentes entre as disciplinas e entre os problemas da sociedade.
>
> A interdisciplinaridade não seria apenas uma panaceia para assegurar a evolução das universidades, mas um ponto de vista capaz de exercer uma reflexão aprofundada, crítica e salutar sobre o funcionamento da instituição universitária, permitindo a consolidação da autocrítica, o desenvolvimento da pesquisa e da inovação. (Fazenda, 2012, p. 21-22)

Já na década de 1980, as pesquisas buscaram um método para trabalhar a interdisciplinaridade e, nas décadas seguintes, foi consolidada a teoria interdisciplinar (Fazenda, 2012).

Muitas definições são apresentadas em diversas obras sobre como pode ser entendida a abordagem interdisciplinar. Para Japiassu (1976, p. 74, grifo do original) "a interdisciplinaridade caracteriza-se pela **intensidade das trocas** entre os especialistas e pelo **grau de integração real** das disciplinas no interior de um projeto específico de pesquisa".

Segundo Pombo (1994, p. 13, grifo do original),

> Por **interdisciplinaridade**, deverá então entender-se qualquer forma de **combinação** entre duas ou mais disciplinas com vista à compreensão de um objeto a partir da confluência de pontos de vista diferentes e tendo como objeto final a elaboração de uma **síntese** relativamente ao objeto comum. A interdisciplinaridade implica, então, alguma **reorganização** do processo de ensino/aprendizagem e supõe um **trabalho continuado de cooperação** dos professores envolvidos.

O que se pode notar é que, independentemente do modo de escrita, todas as definições convergem para um mesmo ponto: a desfragmentação do conhecimento. Sobre isso, Morin (2005a) relaciona a prática de ensinar com um holograma, uma vez que o que se aprende sobre o que emerge do todo passa a se voltar para as partes que compõem esse todo, possibilitando que o conhecimento seja enriquecido do todo pelas partes e das partes pelo todo. Nas palavras do autor, o princípio hologramático

> coloca em evidência esse aparente paradoxo de certos sistemas nos quais não somente a parte está no todo, mas o todo está na parte. Desse modo, cada célula é uma parte de um todo – o organismo global – mas o todo está na parte: a totalidade do patrimônio genético está presente em cada célula individual. Da mesma maneira, o indivíduo é uma parte da sociedade, mas a sociedade está presente em cada indivíduo enquanto todo através da sua linguagem, sua cultura, suas normas. (Morin; Le Moigne, 2000, p. 205)

As crenças de Morin (2005a), quando colocadas em prática no ambiente escolar, podem proporcionar a desfragmentação do conhecimento e das ações docentes.

> A interdisciplinaridade é uma maneira (métodos e conteúdos) de se trabalhar o currículo disciplinar qualitativamente negando-o, abrindo-se para diferentes possibilidades, ou seja, os professores de diferentes saberes se unem para desfragmentar o conhecimento que está hermético, encerrado em cada disciplina, de forma que haja ruptura entre a rígida linha que separa os saberes, e pelo trabalho pedagógico o aluno consiga perceber que há uma multiplicidade de estruturas que se relacionam para construir este conhecimento por uma única via. Ter clareza para compreender que as disciplinas não ensejam conhecimentos totalmente diferentes e desconectados entre si, perceber que elas se relacionam e constroem suas vidas e realidades por eles hoje compartilhadas. (Marques, 2010, p. 280)

Passando para a interdisciplinaridade na matemática, de acordo com Tomaz e David (2012), essa abordagem tem sido um agente de mudanças nos currículos escolares, alterando o isolamento e a fragmentação do conhecimento que não oferece uma formação global e contextualizada. Na concepção das autoras, a interdisciplinaridade é

> uma possibilidade de, a partir da investigação de um objeto, conteúdo, tema de estudo ou projeto, promover atividades escolares que mobilizem aprendizagens vistas como relacionadas, entre as práticas sociais das quais alunos e professores estão participando, incluindo as práticas disciplinares. A interdisciplinaridade se configura, portanto, pela participação dos alunos e dos professores nas práticas escolares no momento em que elas são desenvolvidas, e não pelo que foi proposto *a priori*. Dentro dessa concepção, pressupõe-se uma busca por novas informações e combinações que ampliam e transformam os conhecimentos anteriores de cada disciplina. (Tomaz; David, 2012, p. 26-27)

Nesse sentido, conforme Tomaz e David (2012, p. 17), a abordagem interdisciplinar ajuda a "construir novos instrumentos cognitivos e novos significados extraindo da interdisciplinaridade um conteúdo constituído do cruzamento de saberes que traduziria os diálogos, as divergências e confluências e as fronteiras das diferentes disciplinas".

Desse modo, novos conhecimentos são criados e compreendidos em zonas de interseção entre as diversas disciplinas.

Segundo Morin e Le Moigne (2000), o ser humano tem a compreensão de que está inserido em um contexto no qual todas as ações resultam em uma reação, bem como de que vive em um planeta que é parte dependente e que todo conhecimento precisa ser contextualizado, globalizado e multidimensionalizado. Porém, para isso, é fundamental uma reforma do pensamento para que se tenha uma "cabeça bem-feita" (Morin, 2018, p. 21).

Quanto ao ensino contextualizado, que pode ser uma forma de trabalhar a interdisciplinaridade no ambiente educacional, ele é previsto na BNCC: "a importância da contextualização do conhecimento escolar, para a ideia de que essas práticas derivam de situações da vida social e, ao mesmo tempo, precisam ser situadas em contextos significativos para os estudantes" (Brasil, 2018, p. 84).

Tomaz e David (2012, p. 14) ainda ressaltam que o ensino contextualizado

> deve estar articulado com várias práticas e necessidades sociais, mas de forma alguma se propõe que todo o conhecimento deva sempre ser aprendido a partir das situações da realidade dos alunos. Outra forma de contextualização pode ocorrer via inter-relações com outras áreas do conhecimento, que, por sua vez, pode ser entendida como uma forma de interdisciplinaridade.

Assim, conforme Tomaz e David (2012, p. 14), no ensino da matemática, a contextualização pode ser esboçada "por meio de diferentes propostas, com diferentes concepções, entre elas, aquelas que defendem um ensino aberto para inter-relações entre a Matemática e as outras áreas do saber científico ou tecnológico, bem como com as outras disciplinas escolares".

Segundo Fazenda (2012), as práticas que envolvem a interdisciplinaridade fazem com que o professor cumpra seu compromisso com a educação. Nesse sentido, não basta que os conhecimentos estejam apenas relacionados à realidade do estudante, é necessária a inclusão de novas práticas, que sejam atreladas a outras disciplinas, para elevar os conhecimentos dos educandos.

Segundo a BNCC, cabe aos sistemas de ensino "assim como às escolas em suas respectivas esferas de autonomia a competência, incorporar aos currículos e às propostas pedagógicas a abordagem de temas contemporâneos que afetam a vida humana em escala local, regional e global, preferencialmente de forma transversal e integradora" (Brasil, 2018, p. 19).

Com relação à interdisciplinaridade, Boaler (citado por Tomaz; David, 2012, p. 125-126) afirma que,

> quando os alunos são envolvidos em práticas matemáticas mais abertas e diversificadas, em que são encorajados a desenvolver suas próprias ideias, eles desenvolvem um relacionamento mais produtivo com a Matemática. Tornam-se aptos a usar a Matemática em situações diferentes fazendo transferência de aprendizagem de uma situação para outra. Essa capacidade está relacionada não somente ao fato de terem compreendido os métodos matemáticos que lhes foram apresentados, [mas também] ao fato de [que] as práticas nas quais eles se envolvem em sala de aula de matemática estavam presentes em diferentes situações.

Com base em tudo que conferimos até este ponto, podemos afirmar que a interdisciplinaridade é uma nova atitude diante da questão do conhecimento, de abertura à compreensão de aspectos ocultos do ato de aprender.

Com relação às disciplinas, Japiassu (1976, p. 129) destaca:

> O que realmente importa, no diálogo interdisciplinar, aquilo que não somente é desejável, mas também indispensável, é que a autonomia de cada disciplina seja assegurada como uma condição fundamental da harmonia de suas relações com as demais. Onde não houver independência disciplinar, não pode haver interdependência das disciplinas.

Concordando com Fazenda (2011) e com base na vivência de nossa prática docente, sobretudo no convívio com profissionais da educação, acreditamos que mudar o currículo não é uma tarefa fácil, uma vez que a zona de conforto em que a maioria dos educadores se encontra é cômoda, uma vez que não exige novas práticas, estudos, pesquisas e estruturas pedagógicas. Essa nova forma de pensar e agir exige que

> o professor seja **mestre**, aquele que sabe **aprender** com os mais novos, porque mais criativos, mais inovadores, porém **não** com a **sabedoria** que os anos de vida vividos outorgam ao mestre. **Conduzir sim,** eis a tarefa do **mestre**. O professor precisa ser o **condutor** do **processo**, mas é necessário adquirir a sabedoria da espera, o saber **ver** no aluno aquilo que nem o próprio aluno havia lido nele mesmo, ou em suas produções. (Fazenda, 2012, p. 45, grifo do original)

É evidente, portanto, que as questões didáticas dos profissionais estão relacionadas ao modo de aprender dos estudantes. Isso é percebido quando um estudante afirma que compreendeu algum conceito que não havia conseguido antes com outro professor. Assim, é preciso pensar em uma didática interdisciplinar, em que professores conversem entre si, de modo que o educando perceba as relações existentes entre as diversas disciplinas escolares, desenvolvendo uma prática inovadora e transformadora.

> A construção de uma didática interdisciplinar baseia-se na possibilidade da efetivação de trocas intersubjetivas. Nesse sentido, o papel e a postura do profissional de ensino que procure promover qualquer tipo de intervenção junto aos professores, tendo em vista a construção de uma didática transformadora ou interdisciplinar, deverão promover essa possibilidade de trocas, estimular o autoconhecimento sobre a prática de cada um e contribuir para a ampliação da leitura de aspectos não desvendados das práticas cotidianas. (Fazenda, 2002, p. 69)

Dessa feita, finalizamos esta seção em concordância com a grande pesquisadora da interdisciplinaridade no Brasil, Ivani Fazenda (2012), para a qual a abordagem interdisciplinar é uma atitude nova diante da questão do ato de aprender, um movimento de natureza ambígua que tem como pressuposto a metamorfose, a incerteza.

Na sequência, vamos verificar como a modelagem matemática permite a abordagem interdisciplinar.

4.2 Modelagem matemática na abordagem interdisciplinar

A modelagem matemática permite a associação de diversas tendências da educação matemática e de distintas abordagens de ensino e aprendizado, como a interdisciplinar. A relação entre a modelagem matemática e a abordagem interdisciplinar é o assunto que vamos tratar nesta seção, e, para isso, apresentaremos um exemplo de prática docente.

No entanto, antes de relatarmos essa prática, faremos algumas considerações para que você possa entender e perceber como se dá esse processo.

Resgatando as fases que compõem a modelagem matemática segundo Biembengut (1999), temos: (1) escolha do tema; (2) elaboração de hipóteses e questionamentos; e (3) resolução do modelo. Destacamos que, em todas as fases, a interdisciplinaridade pode estar presente. A escolha do tema pode envolver diversas disciplinas, sendo adotada uma delas como carro-chefe para o desenvolvimento do conteúdo.

Exemplificando

Ao trabalharmos o tema *água*, se a problematização surgiu na disciplina de Matemática, isso pode ter ocorrido pela identificação de fatores que aumentam o preço pago às empresas de saneamento. Nesse contexto, pode-se investigar, ainda, a questão social, a geográfica, entre outras. Se o tema surgiu na disciplina de Geografia, isso pode ter ocorrido com base no estudo da vazão dos rios (que pode ser medida por conceitos matemáticos); ainda, as disciplinas de Geografia e Biologia podem contribuir com diversos temas, como a depredação do ambiente, entre tantos outros que englobam outras disciplinas.

A segunda e a terceira fases da modelagem matemática talvez sejam as etapas em que a interdisciplinaridade esteja mais evidente, uma vez que nelas os estudantes realizam pesquisas para resolver o problema proposto e analisam os resultados, buscando conhecimentos em outras disciplinas.

Nesse sentido, Tomaz e David (2012, p. 24-25) afirmam que,

> dentro de algumas abordagens da Modelagem Matemática, a interdisciplinaridade pode-se configurar ainda por meio de outras estratégias, por exemplo, quando se parte de uma situação-problema que não estava inserida nem na discussão de um tema amplo, nem no desenvolvimento de um projeto. Nessas situações, o aluno também não dispõe de um método de solução definido previamente e para construir esse método, ele precisa fazer uma investigação, usando mais do que meios matemáticos.

É evidente que nem sempre a abordagem interdisciplinar surgirá ao desenvolvermos qualquer uma das tendências da educação matemática, inclusive a modelagem matemática – mas esta pode proporcionar isso de modo mais evidente e natural.

Agora, vamos verificar um exemplo de prática docente em que a interdisciplinaridade e a modelagem matemática estão presentes. Para isso, escolhemos o texto *A expressão gráfica por meio de pipas na educação matemática*, apresentado no 11º Encontro Nacional de Educação Matemática (Enem), realizado em Curitiba (PR) no ano de 2013, de autoria de Góes e Góes.

O trabalho relata uma experiência vivenciada por Góes e Góes (2013) em uma escola da Região Metropolitana de Curitiba. O tema para o desenvolvimento da prática surgiu como forma de transformar os saberes cotidianos dos estudantes sobre a pipa (que fascina não só os estudantes, mas os adultos também) em conceitos escolares ou científicos.

O tema foi proposto pelo professor de matemática, um dos autores do trabalho, que verificou nas turmas de 6º ano do ensino fundamental o interesse pelo brinquedo. No entanto, esses estudantes não sabiam construí-lo e, por isso, compravam os diversos modelos disponíveis. Diante dessa realidade, o docente pôde vislumbrar uma oportunidade de mostrar que a matemática estava presente no cotidiano dos estudantes e desenvolver conceitos, principalmente de geometria, na disciplina de Matemática.

Ao desenvolver o tema, Góes e Góes (2013, p. 2-3) indicaram como objetivos:

> Transformar as informações sobre a brincadeira de empinar pipas em conhecimento científico;
>
> Estabelecer significado para o conteúdo curricular escolar;
>
> Proporcionar aos alunos o contato com a pipa feita artesanalmente;
>
> Resgatar brincadeiras populares;
>
> Desenvolver coordenação motora;
>
> Proporcionar conhecimentos de princípios científicos através de formas geométricas e leis da física que regem o voo da pipa;
>
> Favorecer o contato com a natureza;
>
> Propiciar uma forma de lazer;
>
> Utilizar diferentes fontes de informação e recursos tecnológicos para adquirir e construir conhecimentos.

Ao iniciar o desenvolvimento do tema proposto, em busca da construção de pipas, os estudantes e os professores verificaram a necessidade de estudar a história da pipa e, para isso, buscaram na disciplina de História a solução para essa questão. Com base na pesquisa, Góes e Góes (2013, p. 5) verificaram que

> as pipas recebem nomes variados conforme a região do Brasil (papagaio, pandorga, raia, maranhão, entre outros) e do mundo (cometa, barrilete, papalote, entre outros). Esta variedade também

foi discutida nas aulas de Português e nas aulas de Geografia, onde a variedade cultural foi amplamente explorada.

Além disso, a pesquisa revelou que as pipas recebem esse nome em razão de sua forma se remeter ao barril de vinho, denominado *pipa*, conforme é possível observar nas figuras a seguir.

Figura 4.5 – Pipa: brinquedo

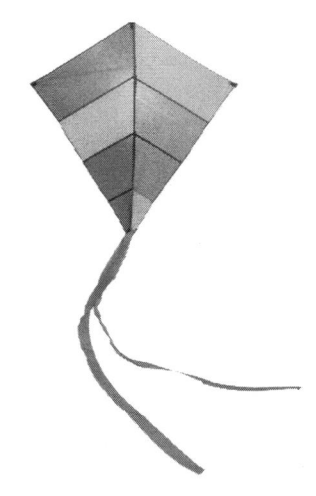

Figura 4.6 – Pipa: barril de vinho

Stepan Bormotov/Shutterstock

Ao analisarem os termos encontrados nas pesquisas realizadas, os estudantes verificaram que alguns apresentavam significados variados, como *compasso*, que indica uma parte da estrutura da pipa, mas também é utilizado para denominar um instrumento de desenho geométrico utilizado na disciplina de Matemática. Assim, nas aulas de Língua Portuguesa, os estudantes desenvolveram atividades com o auxílio de dicionário, verificando os diversos significados de palavras e termos encontrados na pesquisa. A professora dessa disciplina ainda auxiliou os professores das demais disciplinas na confecção de cartazes, que foram expostos para a comunidade escolar.

Antes de os estudantes construírem as pipas, o professor da disciplina de Ciências os auxiliou a responder os questionamentos e as hipóteses levantadas sobre o que faz uma pipa voar. Eles verificaram que os fatores principais são "corrente de ar (brisa, vento, ventania), leveza da pipa, relação peso/superfície, ângulo e estabilidade" (Góes; Góes, 2013, p. 6). Para determinar a relação entre peso e superfície, foi necessário o auxílio de conceitos da disciplina de Matemática.

Com base no estudo da disciplina de Ciências, os estudantes iniciaram o trabalho de construção das pipas nas disciplinas de Matemática e

Artes, desenvolvendo, assim, conceitos relacionados à forma geométrica (estudo de polígonos e perímetros), simetria (item importante para a estabilidade da pipa) e estética. Ainda, em Matemática,

> foi proposta situação-problema para a verificação de qual pipa possui menor custo para sua fabricação, considerando também o material que não é possível reaproveitar. Com isso os alunos tiveram que identificar a melhor maneira de recortar o papel e unir as varetas com a linha.
>
> A disciplina de Artes finalizou a construção das pipas decorando-as e apresentou diversos materiais aos alunos, que com isso exploraram a simetria da forma e das cores. Experimentaram enfeitar somente um lado da pipa e concluíram que deveriam fazer o mesmo [do outro lado] para contrabalancear o peso. (Góes; Góes, 2013, p. 6)

Com as pipas prontas, foi proposto um campeonato. Assim, na disciplina de Educação Física, por meio de pesquisas, os estudantes definiram as regras que deveriam reger o campeonato. Além das regras, verificaram normas de segurança para a brincadeira.

Analisando a prática de Góes e Góes (2013), percebemos que o tema escolhido, *pipas*, propôs diversos questionamentos e hipóteses aos estudantes, que buscaram em outras disciplinas as respostas. A análise de cada questionamento ou hipótese foi feita pelos professores especialistas de cada área, sendo que as fases da modelagem matemática foram indispensáveis em cada uma das problematizações apresentadas para a construção do brinquedo.

Os autores concluíram que a abordagem interdisciplinar utilizando a modelagem matemática propiciou a criatividade e a empolgação dos estudantes para a construção dos conceitos escolares de diversas disciplinas. Afirmam, ainda, que

> cada etapa apresentada foi em si mesma conclusiva e aos poucos [os alunos] foram definindo e mostrando os resultados esperados, formando uma teia de inter-relações que não podem ser analisadas separadamente. Portanto, os resultados deste trabalho não advêm

somente da aplicação da metodologia, mas também de uma mudança de postura e atitude no que diz respeito à educação escolar, fruto desse conjunto de vivências e experiências construídas da prática diária. (Góes; Góes, 2013, p. 8)

Desse modo, nessa prática de modelagem matemática, verificamos que a interdisciplinaridade surgiu de modo natural, na busca por respostas e soluções para as hipóteses e os questionamentos levantados pelos estudantes durante a construção do brinquedo. Destacamos, ainda, que, na prática analisada, a abordagem interdisciplinar não seguiu uma ordem curricular definida, bem como os conceitos foram desenvolvidos com base na necessidade e na especificidade de cada disciplina, não ocorrendo fragmentação do conhecimento, uma vez que todas as disciplinas estavam inter-relacionadas.

Síntese

Neste capítulo, apresentamos, de maneira sucinta e ilustrativa, a diferença entre as abordagens multidisciplinar, pluridisciplinar, interdisciplinar e transdisciplinar. Ainda, aprofundamos a teoria da abordagem interdisciplinar e analisamos uma prática docente nessa abordagem, desenvolvida na tendência modelagem matemática, em educação matemática, mostrando como a modelagem matemática pode proporcionar a abordagem interdisciplinar.

Indicações culturais

No livro que indicamos a seguir, são apresentadas diversas aventuras de uma personagem que descobre que seu cotidiano é repleto de situações matemáticas. Dessa forma, ela compreende que a matemática faz parte da vida de todos os seres humanos:

SCIESZKA, J.; SMITH, L. **Monstromática**. Tradução de Iole de Freitas Druke. São Paulo: Companhia das Letras, 2004.

Para conhecer as demais abordagens interdisciplinares, indicamos um vídeo e um artigo:

CONCURSO Professor (Educação infantil e Fundamental 1). **Disciplinaridade, multi, pluri, inter, transdisciplinaridade**, 8 mar. 2015. Disponível em: <http://www.youtube.com/watch?v=mC0zQHG-u88>. Acesso em: 9 maio 2023.

MARQUES, M. J. D. V. A importância da disciplinaridade, interdisciplinaridade, transdisciplinaridade, transversalidade e multiculturalidade para a docência na educação. In: SEMINÁRIO DE PESQUISA DO NUPEPE, 2., 2010, Uberlândia. **Anais...** Uberlândia: Nupepe, 2010. p. 274-291. Disponível em: <http://docplayer.com.br/12565024-Anais-do-ii-seminario-de-pesquisa-do-nupepe-uberlandia-mg-p-274-291-21-e-22-de-maio-2010.html>. Acesso em: 9 maio 2023.

Atividades de autoavaliação

1. Observe a descrição a seguir:

   Um grupo de professores do ensino fundamental propôs um projeto interdisciplinar na escola com o tema "Nosso bairro". O professor da disciplina de Matemática propôs o estudo das formas geométricas presentes na arquitetura das casas. À disciplina de Língua Portuguesa foi destinado o estudo das personalidades cujos nomes foram designados aos nomes das ruas. O professor da disciplina de Geografia propôs o estudo do tipo de relevo e solo do bairro. A disciplina de Ciências ficou responsável por estudar a flora e a fauna presentes no bosque do bairro. Já o professor da disciplina de História decidiu por estudar a origem do bairro da escola.

   Sobre a prática descrita, podemos afirmar:

   a) Os professores estão corretos em afirmar que a abordagem utilizada é interdisciplinar, pois há um tema comum, "Nosso bairro".

b) A abordagem utilizada é a transdisciplinar, uma vez que todas as disciplinas trabalharam o mesmo tema sem inter-relação entre as diversas áreas de conhecimento.

c) A abordagem utilizada é multidisciplinar, pois, apesar de terem adotado um tema comum, as disciplinas não se relacionaram para desenvolver o projeto, uma vez que cada professor propôs o conteúdo que seria trabalhado sem o relacionar às demais disciplinas.

d) A abordagem utilizada é a pluridisciplinar, uma vez que os questionamentos de uma disciplina eram solucionados pelas demais.

e) A abordagem utilizada é disciplinar, visto que os conceitos são trabalhados em disciplinas separadamente.

2. Sobre interdisciplinaridade e modelagem matemática, é correto afirmar:

a) Na modelagem matemática, não é possível realizar a interdisciplinaridade, pois essa tendência envolve somente a disciplina de Matemática.

b) A interdisciplinaridade na modelagem matemática somente aparece na segunda (levantamento de hipóteses e questionamentos) e na terceira fases (análise da modelagem) propostas por Biembengut (1999). Portanto, não é possível que o tema seja interdisciplinar, uma vez que ele deve surgir da necessidade da disciplina de Matemática.

c) Sempre que trabalhamos com a tendência modelagem matemática, aparece a abordagem interdisciplinar.

d) Entre as tendências em educação matemática, a modelagem matemática é aquela em que a interdisciplinaridade pode ocorrer de modo mais natural, visto que as hipóteses e os questionamentos realizados pelos estudantes durante o processo propiciam a busca de soluções em outras áreas do conhecimento.

e) A modelagem matemática proporciona apenas a multidisciplinaridade em sua aplicação.

3. Durante uma aula de Matemática, o professor propôs aos estudantes a pesquisa sobre *fusos horários* como forma de aplicação dos conceitos de subtração, divisão e números inteiros. No entanto, esse professor precisou recorrer à disciplina de Geografia para explicar alguns conceitos, como latitude e longitude. Por sua vez, o professor de Geografia recorreu ao professor de Matemática para explicar os conceitos, visto que envolvem operações matemáticas.

Sobre o relato apresentado, é correto afirmar que a abordagem utilizada é:

a) interdisciplinar.
b) multidisciplinar.
c) pluridisciplinar.
d) transdisciplinar.
e) disciplinar.

4. Analise as afirmações a seguir e marque V para as verdadeiras e F para as falsas.

( ) A interdisciplinaridade pretende desfragmentar o conhecimento, mostrando uma nova abordagem metodológica em relação àquela comumente realizada na maioria das instituições de ensino, sobretudo no ensino superior.

( ) A interdisciplinaridade oferece uma formação global e contextualizada aos estudantes, visto que, para a resolução de um problema, são necessários conceitos provenientes de diversas áreas do conhecimento.

( ) Segundo Fazenda (2012), a abordagem interdisciplinar permite ao professor cumprir com sua função de educador, uma vez que trabalha com novas práticas, entre outros fatores.

Agora, marque a alternativa que apresenta a sequência correta:

a) V, V, V.
b) V, V, F.
c) V, F, F.

d) F, F, V.
e) V, F, V.

5. Considerando o texto de Góes e Góes (2013), apresentado na Seção 4.2, cujo tema *pipas* foi trabalhado em uma prática com abordagem interdisciplinar, analise as afirmações a seguir e marque V para as verdadeiras e F para as falsas.

( ) Pela prática apresentada, é possível perceber que os professores buscaram discutir sobre o assunto de maneira coletiva e não se prenderam a um currículo determinado e ordenado. Tiveram, ainda, a preocupação de que os educandos percebessem as relações existentes entre as diversas disciplinas escolares.

( ) A proposta condiz com as afirmações de Fazenda (2002, p. 69), que destaca que "A construção de uma didática interdisciplinar baseia-se na possibilidade da efetivação de trocas intersubjetivas", pois promoveu a possibilidade de trocas, estimulou o autoconhecimento sobre a prática de cada profissional e contribuiu para a ampliação da leitura de aspectos não desvendados das práticas tradicionais.

( ) Mesmo que o professor de Matemática tivesse proposto apenas a construção da pipa, sem utilizar a modelagem matemática, e ainda não tivesse procurado soluções para os questionamentos e as necessidades dos estudantes em outras disciplinas, ainda estaria trabalhando em uma abordagem interdisciplinar.

Agora, marque a alternativa que apresenta a sequência correta:

a) V, V, V.
b) V, V, F.
c) V, F, F.
d) F, F, V.
e) V, F, V.

Atividades de aprendizagem

Questões para reflexão

1. Muito se discute sobre a fragmentação do currículo escolar, em que conceitos e conteúdos são trabalhados isoladamente. Aponte como a modelagem matemática pode ajudar a reverter esse fato.

2. Indique como a modelagem matemática contribui no trabalho pedagógico do corpo docente de turmas cujo professor de Matemática desenvolve essa metodologia.

Atividade aplicada: prática

1. Pesquise sobre práticas docentes que aplicam a modelagem matemática e identifique se a abordagem utilizada é interdisciplinar. Selecione trechos dos textos que evidenciem suas conclusões. No caso de a abordagem não ser interdisciplinar, indique qual das abordagens (disciplinar, multidisciplinar, pluridisciplinar ou transdisciplinar) pode ser identificada no texto que você selecionou.

Modelagem matemática em diferentes perspectivas pedagógicas

Neste capítulo, mostraremos como a modelagem matemática pode se apresentar em duas diferentes perspectivas pedagógicas: (1) sociocrítica e (2) construtivista.

A abordagem das perspectivas pedagógicas auxilia o professor na realização de sua prática docente de maneira significativa, proporcionando sentido ao estudante, pois tais perspectivas norteiam o papel do docente, de modo que ele responda questionamentos como: Para quem estou ensinando? Como devo ensinar? O que devo ensinar? Por que é necessário ensinar? Para quê ensinar?

Para exemplificar a modelagem matemática nas perspectivas pedagógicas, apresentaremos práticas docentes em que o professor pode abordar conceitos matemáticos na resolução de situações reais dos estudantes.

5.1 Perspectiva sociocrítica

Estudos realizados por Kaiser e Sriraman (2006) trazem um levantamento sobre o uso da modelagem na educação matemática. Nesses estudos, os autores destacam que, entre as perspectivas pedagógicas utilizadas, a que se apresenta mais próxima do processo de ensino, a fim de descrever o uso da modelagem matemática, tendo como base a educação matemática crítica, é a perspectiva sociocrítica.

Essa perspectiva está associada a objetivos pedagógicos cuja finalidade é entender criticamente o mundo, tendo como base as abordagens sociocríticas presentes na sociologia política (Kaiser; Sriraman, 2006).

Nesse sentido, a perspectiva sociocrítica é importante no processo de ensino-aprendizagem, pois ressalta a matemática associada à sociedade. Isso faz com que os estudantes desenvolvam o lado crítico em relação à matemática no cotidiano, à função dos modelos matemáticos e ao objetivo da modelagem matemática na sociedade em si.

Para Araújo (2009), a modelagem matemática, tendo como fundamentação a perspectiva da educação matemática crítica, é demarcada tanto pela formação política dos estudantes quanto por sua atuação na sociedade. Além disso, pode ser interpretada como uma pedagogia emancipatória, inserida por Paulo Freire, que defende que o espaço da sala de aula pode ser considerado um espaço democrático. Nesse espaço democrático, estudantes e professores atuam em igualdade de trabalho e condições* (Araújo, 2009).

Autores como Barbosa (2003) e Rosa e Orey (2003) defendem a ideia de que existe proximidade entre a etnomatemática e a modelagem matemática, e que essa proximidade resulta em complementação. Para Passos (2008), a etnomatemática com abordagens em questões políticas está relacionada aos ideais da educação matemática crítica.

---

* Condições, de forma geral, para que exista o ensino e o aprendizado com qualidade, bem como condições de trabalho para que os professores exerçam sua profissão.

Para saber mais

GÓES, A. R. T.; GÓES, H. C. **Ensino da matemática:** concepções, metodologias, tendências e organização do trabalho pedagógico. Curitiba: InterSaberes, 2015.

Segundo D'Ambrosio (2005), a etnomatemática é uma tendência da educação matemática que surgiu por volta de 1970 com a finalidade de analisar práticas matemáticas em diferentes lugares e contextos culturais. Assim, temos a matemática necessária para as lojas, para os indígenas, para um estudante de engenharia, para a dona de casa, para crianças que estudam na periferia, entre outros. Para cada uma dessas situações, existe uma matemática diferente, pois a realidade de cada situação é diferente. A finalidade dessa tendência é manter viva a matemática por meio das situações corriqueiras de cada realidade, seja para a dona de casa, seja para o indígena, uma vez que cada um deles vai suprir suas necessidades com práticas matemáticas, como medir, comparar, classificar e quantificar de formas específicas.

Estude um pouco mais sobre essa tendência na obra indicada.

A educação matemática crítica, segundo Araújo (2009), apresenta ideias enraizadas na filosofia sobre as conexões da matemática com o cotidiano, com base em duas concepções: (1) platonismo e (2) formalismo. Quando tratamos da disciplina de Matemática no cotidiano, estamos nos referindo à modelagem matemática na resolução de situações-problemas, e essa relação da matemática com o que é real está associada ao **platonismo**. Porém, se verificarmos que a modelagem matemática está associada a um tipo de teoria formal ou até mesmo a uma nova teoria para ser inserida em um problema do cotidiano do estudante, estaremos relacionando a modelagem matemática ao **formalismo**.

A perspectiva sociocrítica da matemática pode ser denominada *conhecimento reflexivo*, que Skovsmose (1990) afirma se tratar da agilidade em se discutir os resultados matemáticos de situações-problema do cotidiano dos estudantes.

Skovsmose (2005) ainda afirma que a educação matemática crítica está voltada a auxiliar conflitos presentes no cotidiano, os quais podem se dar de diferentes formas, como as diferenças econômicas e os desequilíbrios ambientais, entre outros aspectos; e, por poder ser utilizada de diferentes formas, a matemática pode ser considerada crítica, por exemplo, para manter posições na sociedade.

Exemplificando

Essa concepção de Skovsmose (2005) pode ser ilustrada com a discussão em assembleia sobre o reajuste salarial para a classe de professores federais previsto pelo governo. Nessa discussão, faz-se necessário que os participantes aptos a votar tenham argumentos para criticar e compreender os dados matemáticos apresentados em debate. Tal atitude é de grande importância e certamente vai influenciar nas tomadas de decisões de maneira coletiva, considerando diversos fatores, como a projeção da inflação no período de reajuste. Portanto, fica evidente que argumentos matemáticos podem ser utilizados para demarcar posições políticas, e o debate não ficará apenas na aceitação do está sendo posto numericamente, mas será levado à raiz da questão. Nesse tipo de abordagem, as discussões públicas têm a finalidade de possibilitar que as pessoas iniciem o exercício da cidadania em debates relacionados à matemática, ajudando a formar uma sociedade democrática ao expressarem suas opiniões.

Para que sejam desenvolvidas atividades em sala de aula utilizando a modelagem matemática na perspectiva sociocrítica, é preciso que o professor tenha o domínio da abordagem, uma vez que é ele quem conduzirá os estudantes a realizar o conhecimento reflexivo e organizará os questionamentos deles nessa vertente. O papel do professor é direcionado a educar o estudante de modo crítico e instigá-lo a participar de atividades que enfatizem a utilização da matemática na sociedade, incluindo-o no universo de aplicações da matemática.

Um exemplo de uma atividade de modelagem matemática que produz conhecimento reflexivo é indicado no trabalho de Jonei Cerqueira Barbosa (2003), *Modelagem matemática e a perspectiva sociocrítica*, registrado nos anais do II Seminário Internacional de Pesquisa em Educação Matemática, na cidade de Santos (SP), no ano de 2003.

O trabalho de Barbosa (2003) foi desenvolvido em uma turma de sétima série (atual oitavo ano) da rede pública de ensino, coincidentemente na mesma época em que estava acontecendo na região a distribuição de sementes de milho e feijão para agricultores de subsistência. Como muitos estudantes daquela turma estavam vinculados ao plantio, a professora sugeriu a abordagem da matemática nessa situação cotidiana. Em um primeiro momento, ela sugeriu a leitura do seguinte texto:

> Os grãos de feijão e milho adquiridos pela Prefeitura de Feira de Santana começaram a ser distribuídos na tarde desta quinta-feira (7) pela Secretaria de Agricultura, Recursos Hídricos e Desenvolvimento Rural. São 37,5 toneladas – 25 t de feijão e 12,5 t de milho – destinadas aos produtores rurais que praticam a agricultura de subsistência. Aproximadamente oito mil agricultores receberão os grãos. Segundo o secretário Mário Borges, cada agricultor recebe três quilos de feijão e dois de milho. O primeiro carregamento dos grãos foi destinado aos agricultores de Maria Quitéria [um distrito municipal]. Os próximos a receberem [sic] serão os cadastrados na associação de moradores do distrito de Tiquaruçu. (Jornal Feira Hoje, 2001, citado por Barbosa, 2003, p. 7-8)

Com essa notícia, segundo Barbosa (2003), os estudantes ficaram inquietos, pois todas as famílias, "independentemente do número de membros, receberiam a mesma quantidade de sementes. Eles decidiram criar critérios alternativos para a distribuição de sementes" (Barbosa, 2003 p. 8).

A dinâmica da atividade foi realizada em grupos pequenos, durante algumas aulas, e sempre coordenada pela professora, que iniciou a organização dos dados. Dessa forma, os estudantes realizaram o seguinte procedimento:

> Em comum acordo, decidiram manter o "montante" de 37,5 toneladas de sementes e 8000 famílias a serem atendidas pelo programa. Os alunos não tinham informações sobre a distribuição de frequência do número de pessoas por família. Então, assumiram que as 8000 famílias estavam divididas em 9 faixas, tendo cada uma, respectivamente, 2, 3, 4, 10 pessoas. Assim, cada faixa tinha 889 famílias (8000/9). Aqui, eles tiveram que fazer uma simplificação, já que, certamente, essa distribuição não corresponderia aos valores da distribuição se fosse realizado um levantamento. (Barbosa, 2003, p. 8)

Com base nessa organização realizada pelos estudantes, um dos grupos construiu uma tabela composta da quantidade de pessoas por faixa e pessoas por família. "Os alunos explicaram que, para achar essa última [quantidade de pessoas], bastava multiplicar o número de pessoas por família pela quantidade de famílias em cada faixa (no caso, 889 pessoas)" (Barbosa, 2003, p. 8).

Tabela 5.1 – Número de pessoas por família e quantidade total de pessoas

NÚMERO DE PESSOAS POR FAMÍLIA	QUANTIDADE DE PESSOAS
2	1.778
3	2.667
4	3.556
5	4.445
6	5.334

(continua)

(Quadro 5.1 – conclusão)

Número de pessoas por família	Quantidade de pessoas
7	6.223
8	7.112
9	8.001
10	8.890
Total de pessoas	48.006

Fonte: Barbosa, 2003, p. 8.

Depois de organizarem a tabela, os estudantes relacionaram duas variáveis, sendo Q a quantidade de pessoas por faixa, e p o número de pessoas por família, obtendo-se a seguinte regra: $Q = 889p$.

Muitas análises matemáticas foram realizadas nessa prática. De maneira intuitiva "os alunos trabalharam com a noção de função; Q e p são grandezas diretamente proporcionais; entre outras" (Barbosa, 2003, p. 9).

Ao observarem a tabela, os estudantes fizeram a análise de que "48.006 pessoas (observe que não são famílias) [...] seriam atendidas pelo programa. Fazendo o quociente entre 37.500 kg de sementes e esse número, obtém-se, aproximadamente, a razão de 0,78 kg de sementes/pessoa" (Barbosa, 2003, p. 9).

Quando houve o questionamento sobre como distribuir as sementes, os estudantes explanaram que "bastaria tomar o número de pessoas da família e multiplicar pela constante 0,78. Em outras palavras, teríamos: $S = 0,78\ p$, em que S é a quantidade de sementes que cada família receberia" (Barbosa, 2003, p. 9).

Outras abordagens surgiram a partir das variáveis S e p, as quais foram organizadas pelos estudantes, com o auxílio da professora, em forma de tabela e gráfico.

Tabela 5.2 – Relação entre S e p

p	S
2	1,6
3	2,3
4	3,1
5	3,9
6	4,7
7	5,5
8	6,2
9	7,0
10	7,8

Fonte: Barbosa, 2003, p. 9.

Gráfico 5.1 – Relação entre S e p

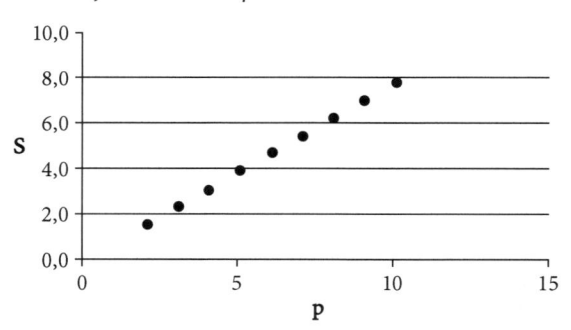

Fonte: Barbosa, 2003, p. 9.

Após a organização da tabela e do gráfico, surgiram alguns questionamentos: "Pode-se ligar os pontos? Por quê? Implicitamente, os alunos poderiam envolver-se na discussão se p é variável discreta ou contínua. Poder-se-ia, ainda, perguntar aos alunos se haveria outra representação gráfica mais adequada para apresentar ao público" (Barbosa, 2003, p. 9).

Barbosa (2003) afirma que foi possível perceber que os questionamentos levaram os estudantes a discussões em que a matemática não era o centro, porém se relacionavam ao significado da exploração matemática elaborada por eles. Ainda assim, outros questionamentos surgiram:

> Agora, que eles já tinham produzido um critério alternativo para distribuir as sementes, eles se perguntaram se esse era o mais adequado para dar conta da demanda das famílias a serem atendidas. E no caso de 2 membros, o que se pode fazer com 1,5 kg de sementes? Será que o critério proposto pela prefeitura seria melhor? E se assumirmos uma distribuição desigual entre as famílias, como ficaria? (Barbosa, 2003, p. 9-10)

Esses questionamentos originaram discussões referentes a como se daria a distribuição das sementes com base nos dados matemáticos. Isso possibilitou aos estudantes a percepção de "como a matemática subsidia posições e que os resultados matemáticos são apoiados em pressupostos. Os momentos em que os alunos se envolvem diretamente nessa análise serão chamados aqui de *discussões reflexivas*" (Barbosa, 2003, p. 10, grifo do original).

Um dos principais pontos da perspectiva sociocrítica é convidar os estudantes a tomar parte em discussões reflexivas, como no caso da prática que acabamos de detalhar. Pelo exemplo descrito, é possível perceber que os estudantes aceitaram o convite realizado pela professora. Lembrando que, em muitas situações, os professores podem se surpreender com as discussões reflexivas que surgem, decorrentes do desenvolvimento da modelagem organizada pelos estudantes.

Portanto, é necessário que o professor se preocupe em não apenas utilizar a matemática aplicada ao cotidiano dos estudantes, mas também fazer com que eles realizem reflexões sobre como essa matemática pode contribuir no que se refere aos problemas sociais, às benfeitorias. Quando se trabalha com a modelagem matemática e não se faz a abordagem da matemática na sociedade, acaba-se por contribuir com o crescimento de uma sociedade em que não é valorizada a democracia e não são propostas e defendidas opiniões.

5.2 Perspectiva construtivista

A perspectiva construtivista se baseia no fato de que a aprendizagem de conteúdos e habilidades ocorre em consonância com o desenvolvimento natural do indivíduo. Geralmente, é estudada com base no desenvolvimento natural das crianças. Entre as teorias dentro dessa perspectiva, destaca-se a de Jean Piaget (1970), conhecida como *epistemologia genética* ou *psicogenética*.

A epistemologia genética pode ser interpretada como o processo pedagógico que se modifica sucessivamente, conforme o estágio de desenvolvimento mental do indivíduo. Dessa forma, o professor deve apresentar propostas metodológicas conforme o nível mental da criança, pois, para cada uma das etapas do desenvolvimento dela, há uma forma diferente de aprendizado (Piaget, 1970).

Angotti (2002, p. 140, grifo do original) afirma que, para Piaget, o método psicogenético apresenta quatro linhas importantes em relação ao educando, a saber:

- **Situação-problema:** é caracterizada como o desafio da pesquisa, podendo ser conhecido como a descoberta e invenção;
- **Dinâmica de grupo:** o grupo pode ser considerado o ambiente mais estimulador, o qual auxilia na construção da solidariedade e mantém a individualidade;
- **Tomada de consciência:** ter a consciência dos fatores que usou para realizar a atividade é sua maneira de construir a consciência social;
- **Avaliação:** pode ser considerado o processo que define de maneira permanente o desenvolvimento.

Piaget (1970) apresenta sua teoria com base essencialmente na inteligência e na construção do conhecimento; ele busca respostas individualmente e para o grupo, com uma organização em quatro estágios de desenvolvimento:

1. sensório-motor;
2. pré-operatório;
3. operatório-concreto;
4. operatório-formal.

A preocupação de Piaget volta-se à capacidade do conhecimento humano. Em seus estudos sob essa perspectiva, ele verificou que é a criança quem mais constrói conhecimento perceptível: suas observações e pesquisas mais conhecidas são sobre a construção do conhecimento pelos seres humanos na fase infantil, mostrando a interação do sujeito com o meio em que vive. Segundo Kesselring (1993, p. 9), Piaget verificou, partindo de influências da psicopatologia, da psicanálise, da filosofia e da lógica, "que no estudo da inteligência infantil a biologia se vincula à filosofia das ciências naturais".

Assim, Piaget procurou respostas para resolver os questionamentos sobre como se desenvolvem as estruturas do conhecimento e do pensamento humanos. Nesse momento, Piaget estava organizando a construção da epistemologia genética, considerada por muitos autores uma das mais completas teorias do desenvolvimento intelectual, uma vez que seus estudos partiam do período iniciado no berço até a idade adulta.

A teoria da epistemologia genética de Piaget (1970) procura explicar a ordem em que as diferentes capacidades cognitivas aparecem. O fato de a formação da capacidade cognitiva acontecer em períodos é decorrente das competências que passam a ser adquiridas pelo sujeito durante sua vida e que pressupõem outras que lhes são anteriores. Portanto, o conhecimento não é concebido como algo já existente, seja nas características do objeto, seja nas estruturas internas do sujeito.

Conforme apontam Góes e Góes (2015, p. 54), os estudos de Piaget questionam as teorias behavioristas, etologistas, empiristas e aprioristas:

> Ao não acreditar que os processos de aprendizagem pudessem ser estudados com base em condições rígidas e por defender a existência de fases da infância para a aprendizagem de certos conceitos, Piaget demonstrava ser avesso ao behaviorismo.

Por discordar dos defensores da biologia do comportamento, que afirmavam que todo comportamento, assim como todo conhecimento, tem por base capacidades inatas, Piaget discordava do etologismo.

Por acreditar que o conhecimento não está fundado apenas em experiência sensorial, Piaget discordava do empirismo.

Por colocar em questão a teoria de que o conhecimento se dá por meio do empenho do sujeito autônomo na construção do conhecimento, de forma ativa, em vez de esse conhecimento proceder da experiência, Piaget não concordava com os aprioristas.

As principais características da pedagogia construtivista baseada nos estudos da epistemologia genética de Piaget podem ser assim resumidas:

> a) A construção do pensamento lógico/matemático com o **auxílio de materiais concretos**. b) A concepção da matemática como uma construção humana. c) Prioriza o processo não o produto. d) Aprender a aprender. e) Desenvolver o pensamento lógico formal. f) Toma a Psicologia como núcleo central de orientação pedagógica, isto é, os alunos constroem seus conhecimentos matemáticos de acordo com os níveis de desenvolvimento da sua Inteligência e o **erro** é visto como uma **manifestação positiva** de grande valor pedagógico. (Sarmento, 2010, p. 1-2, grifo do original)

Podemos entender que a teoria de Piaget apresenta certo equilíbrio, uma vez que, para esse pesquisador,

> todo organismo procura manter um estado de equilíbrio ou de adaptação do seu meio agindo no sentido de superar a perturbação estabelecida pela relação com o meio, este processo de equilibração e desequilibração é dinâmico e busca constantemente a passagem de um estado superior de equilíbrio, denominado por Piaget de equilibração majorante. (Sarmento, 2010, p. 2)

É nesse movimento de equilíbrio e desequilíbrio do sujeito que é estabelecido o desenvolvimento cognitivo. A assimilação e a acomodação são os dois mecanismos que, quando acionados, levam à busca de um novo estágio cognitivo. A acomodação ocorre quando a pessoa é impulsionada a ser transformada e modificada para se adequar ao ambiente. A assimilação é o mecanismo que possibilita à pessoa escolher significados decorrentes das experiências anteriores aos elementos presentes no ambiente no qual está inserida, porém não ocorrem alterações em suas estruturas.

Nesse sentido, Sarmento (2010) afirma que uma aula em que os estudantes possam manipular materiais terá maiores chances de ser bem-sucedida, uma vez que possibilitará a visualização de uma situação real e desenvolverá nos estudantes ações que os auxiliem na construção do saber significativo e consistente. Por exemplo, a construção de uma maquete pode auxiliar os estudantes a desenvolverem saberes de forma consistente, como comparar medidas, utilizar escalas, criar o desenho da planta baixa, entre outras atividades.

O uso de material manipulável exige um planejamento detalhado dos objetivos a serem alcançados, pois um mesmo tipo de material pode ser utilizado para a realização de atividades com diversos níveis de dificuldade, buscando objetivos diferenciados em locais e propostas diferentes. Assim, faz-se necessário que o professor tenha o conhecimento das possibilidades de uso do material escolhido, para que este esteja associado aos interesses da proposta em si.

Para Sarmento (2010, p. 3), a escolha dos materiais manipuláveis para uma prática pedagógica está associada aos seguintes fatores:

> De ordem didática: adequação ao conteúdo, aos objetivos e à metodologia.
>
> De ordem prática: o material está disponível? É possível adquiri-lo? Está em condições de uso?
>
> De ordem metodológica: é coerente com o nível de aprendizagem dos alunos? Seu manuseio oferece algum tipo de risco para as crianças? [As crianças] Têm domínio dos procedimentos?

Outro detalhe importante na utilização desse recurso que Sarmento (2010) enfatiza é a organização do tempo, pois, dependendo do material escolhido, é exigido tempo maior para a atividade, e não podemos esquecer também que é fundamental respeitar o tempo de cada indivíduo no processo de ensino-aprendizagem.

O uso de materiais manipuláveis possibilita que o estudante tenha experiências lógicas por meio das diversas formas de representação, proporcionando a evolução de abstrações para generalizações mais difíceis e complexas.

Podemos utilizar como materiais manipuláveis para o ensino e o aprendizado da matemática o ábaco, os blocos lógicos, o material dourado*, os discos de frações, o Tangram, entre outros. Ainda, devemos lembrar que esses materiais podem estar associados à modelagem matemática na perspectiva construtivista, cujos objetivos são: construir o pensamento lógico-matemático; auxiliar na formação humana; priorizar todo o processo, e não o produto final; instigar o estudante a aprender a aprender; proporcionar o desenvolvimento do pensamento lógico; e determinar que o erro também possa ser considerado como algo positivo e muito valorizado no sentido pedagógico (Sarmento, 2010).

A teoria construtivista, defendida por Piaget (1970), também pode ser entendida como uma fonte de motivação e pesquisa para muitos que estudam o assunto, pois a crítica às metodologias tradicionais e o indicativo para novas propostas resultaram na alteração dos desígnios científicos de embasamento das práticas pedagógicas.

Segundo Niemann e Brandoli (2012), a concepção construtivista durante as práticas pedagógicas promove o desenvolvimento dos estudantes, na medida em que eles, como sujeitos ativos, participam das

---

* De acordo com Tanese et al. (1999), "O Material Dourado é um dos muitos materiais idealizados pela médica e educadora italiana Maria Montessori para o trabalho com matemática.

Embora especialmente elaborado para o trabalho com aritmética, a idealização deste material seguiu os mesmos princípios montessorianos para a criação de qualquer um dos seus materiais, a educação sensorial [...]".

propostas de maneira construtiva, ou seja, o ensino da matemática deve priorizar que o estudante aprenda de formas diferentes, seja a geometria, seja a álgebra, seja a aritmética, fazendo que ele construa seus próprios significados mediante a compreensão dos procedimentos.

Analisando a modelagem matemática, a perspectiva construtivista (sobretudo a epistemologia genética) e o uso de materiais manipuláveis, percebemos que eles se intersectam, sendo quase indissociáveis. No Capítulo 2, destacamos uma prática que apresenta essa interseção, o trabalho de Góes e Luz (2009), em que os estudantes utilizaram diversos materiais manipuláveis e observações para a construção do conhecimento durante todo um período letivo.

Síntese

Neste capítulo, apontamos como a modelagem matemática pode estar presente nas perspectivas sociocrítica e construtivista. Para tanto, apresentamos uma prática docente na perspectiva sociocrítica com o uso da modelagem matemática e indicamos um trabalho já analisado no Capítulo 2 que se insere na perspectiva construtivista.

Indicações culturais

A educação matemática crítica realiza questionamentos sobre o papel dessa ciência na sociedade, bem como sobre a maneira como essa disciplina é estruturada no ensino. Para saber mais sobre o assunto, leia a seguinte obra:

SKOVSMOSE, O. **Educação matemática crítica**: a questão da democracia. Tradução de Abgail Lins e Jussara de Loiola Araújo. Campinas: Papirus, 2001. (Coleção Perspectivas em Educação Matemática).

Sobre educação emancipatória, leia o seguinte texto:

FREIRE, N. Contribuições de Paulo Freire para a pedagogia crítica: "Educação emancipatória: a influência de Paulo Freire na cidadania global" ou "A influência de Paulo Freire na educação para a autonomia e a libertação". **Teoria de la Educación – Educación y Cultura en la Sociedad de la Información**, Salamanca, v. 10, n. 3, p. 141-158, nov. 2009. Disponível em: <http://www.redalyc.org/articulo.oa?id=201014898009>. Acesso em: 9 maio 2023.

Confira mais uma prática de modelagem matemática na perspectiva sociocrítica no seguinte texto:

SANTOS, M. A. dos. Modelagem matemática em uma perspectiva sociocrítica: sobre a produção de discussões reflexivas. **Educação Matemática e Pesquisa**, São Paulo, v. 10, n. 2, p. 347-365, 2008. Disponível em: <http://revistas.pucsp.br/index.php/emp/article/view/1018/1133>. Acesso em: 9 maio 2023.

Sobre etologia, sugerimos a seguinte leitura:

TONI, P. M. de. et al. Etologia humana: o exemplo do apego. **Psico-USF**, São Paulo, v. 9, n. 1, p. 99-104, jan./jun. 2004. Disponível em: <http://www.scielo.br/pdf/pusf/v9n1/v9n1a12.pdf>. Acesso em: 9 maio 2023.

A respeito de empirismo e apriorismo, sugerimos a leitura do Capítulo 1 da seguinte dissertação:

FERREIRA, E. A. S. **Ensino e aprendizagem no ensino médio**: percepção de alunos de um colégio estadual de Santo Antônio da Platina – PR. 98 f. Dissertação (Mestrado em Educação) – Universidade Estadual de Maringá, Maringá, 2009. Disponível em: <http://publicacoes.unigranrio.edu.br/index.php/recm/article/download/5432/3522>. Acesso em: 9 maio 2023.

Ainda, leia o seguinte texto, que apresenta uma prática envolvendo modelagem matemática na perspectiva construtivista:

FONSECA, M. da C. F. Os limites do sentido no ensino da matemática. **Educação e Pesquisa**, São Paulo, v. 25, n. 1, p. 147-162, jan./jun. 1999. Disponível em: <http://www.scielo.br/pdf/ep/v25n1/v25n1a11.pdf>. Acesso em: 9 maio 2023.

Atividades de autoavaliação

1. De acordo com Kaiser e Sriraman (2006), a perspectiva sociocrítica:

    I. é uma das perspectivas que está mais próxima do processo de ensino, a fim de descrever o uso da modelagem matemática de acordo com a educação matemática crítica.
    II. enfatiza o papel da matemática na sociedade e reivindica a necessidade de encorajar o pensamento crítico sobre o assunto, sobre o papel e a natureza de modelos matemáticos e sobre a função da modelagem matemática na sociedade.
    III. não está associada a objetivos pedagógicos e sua finalidade não é compreender o mundo de forma crítica.

    Marque a alternativa que contempla as afirmativas corretas:
    a) I e III.
    b) II e III.
    c) I e II.
    d) III, apenas.
    e) I, II e III.

2. Com relação à educação matemática crítica, analise as seguintes afirmações e marque V para as verdadeiras e F para as falsas.

    ( ) Ela está voltada a auxiliar conflitos que possam ser encontrados no dia a dia, podendo estes ser de diferentes formas.
    ( ) Está associada ao método tradicional do ensino da matemática, não podendo auxiliar no processo de formação do estudante do ponto de vista democrático.
    ( ) Tem suas ideias firmadas na filosofia referente às conexões da matemática com o cotidiano, sendo embasada em duas concepções: o formalismo e o platonismo.

    Agora, marque a alternativa que apresenta a sequência correta:
    a) V, V, F.
    b) V, F, V.
    c) F, F, F.

d) V, V, V.

e) F, V, V.

3. Com relação à epistemologia genética de Piaget (1970), analise as afirmações a seguir e marque V para as verdadeiras e F para as falsas.

( ) Tem como base essencial a inteligência e a construção do conhecimento, buscando respostas para o grupo e também individuais.

( ) Pode ser considerada como o processo pedagógico que se modifica sucessivamente, conforme o estágio do desenvolvimento mental do indivíduo.

( ) É considerada uma das mais completas teorias do desenvolvimento intelectual, uma vez que seus estudos são baseados no período da criança iniciado no berço até a idade adulta.

Agora, marque a alternativa que apresenta a sequência correta:

a) V, V, V.

b) F, V, V.

c) F, F, F.

d) V, V, F.

e) V, F, V.

4. Considerando a teoria construtivista e suas principais características, analise as afirmações a seguir e marque V para as verdadeiras e F para as falsas.

( ) Auxilia no desenvolvimento do pensamento lógico formal dos estudantes.

( ) Indica que a concepção da matemática se dá como uma construção humana.

( ) Com o auxílio de materiais concretos, é possível que aconteça a construção do pensamento lógico-matemático.

Agora, marque a alternativa que apresenta a sequência correta:

a) V, V, F.

b) F, V, V.

c) F, F, F.
d) V, V, V.
e) V, F, V.

5. De acordo com Sarmento (2010), analise as afirmações a seguir e marque V para as verdadeiras e F para as falsas.

    ( ) A escolha de materiais manipuláveis para a realização de uma prática pedagógica está associada a fatores como didática, prática e metodologia.

    ( ) Um fator que não é importante quando se trata de materiais manipuláveis é a organização do tempo, pois para práticas diferentes são necessários sempre 30 minutos.

    ( ) A aula em que o estudante possa manipular materiais terá maiores chances de ser bem-sucedida, pois possibilita a visualização de situações reais e, assim, permite desenvolver nos estudantes ações que ajudem na construção do saber significativo e consistente.

    Agora, marque a alternativa que apresenta a sequência correta:
    a) V, F, F.
    b) F, V, V.
    c) V, F, V.
    d) V, V, F.
    e) F, F, V.

Atividades de aprendizagem

Questões para reflexão

1. Uma das principais contribuições da teoria da epistemologia genética, o construtivismo de Piaget (1970), afirma que o pensamento é parte fundamental no ensino e no aprendizado. Piaget defende que o pensamento ocorre antes da representação gráfica e da escrita. Analise e descreva, expondo sua opinião, como o pensamento é fundamental nas etapas da modelagem matemática.

2. Identifique e descreva a principal contribuição da perspectiva sociocrítica na disciplina de Matemática por meio da modelagem matemática.

Atividade aplicada: prática

1. Agora que você já analisou e verificou o que contemplam as perspectivas sociocrítica e construtivista, elabore uma atividade enfatizando uma delas e tendo como cenário a modelagem matemática em práticas do cotidiano escolar. Você poder escolher para qual nível de ensino estará voltada a atividade, bem como quais disciplinas serão abordadas pela proposta.

A PESQUISA NO ENSINO E A MODELAGEM MATEMÁTICA

Neste capítulo, apresentaremos a diferença entre as pesquisas qualitativa e quantitativa, mostrando como cada uma delas pode ser utilizada pelo professor ou pesquisador na análise do trabalho desenvolvido com a modelagem matemática. Mostraremos como essas abordagens de pesquisa podem aparecer durante o desenvolvimento da modelagem matemática, e não somente para a análise de resultados.

Ao final do capítulo, trataremos da pesquisa de opinião do projeto Nossa Escola Pesquisa Sua Opinião (Nepso), que envolve, em suas fases, pesquisas qualitativas e quantitativas.

Assim, depois desses estudos, você será capaz de compreender a diferença entre os dois tipos de pesquisas citados e como elas podem ser utilizadas para a análise da modelagem matemática pelo professor ou pesquisador, bem como podem estar inseridas no desenvolvimento da modelagem matemática.

6.1 Breve introdução à pesquisa no ambiente escolar

O termo *pesquisa* está constantemente presente em nosso cotidiano. Estamos acostumados a confrontá-lo nos noticiários, por exemplo, geralmente relacionando-o à economia, à política, ao comércio etc., inclusive, talvez, sua aparição seja mais constante em períodos eleitorais. No entanto, a pesquisa também faz parte do ambiente escolar da educação básica – por exemplo, as diversas tendências da educação matemática e as abordagens de ensino (Góes; Góes, 2015) surgiram também de pesquisas. E isso ocorre em todas as áreas do conhecimento.

Nesse sentido, vamos, primeiramente, definir o que é *pesquisa*.

Segundo Lüdke e André (1986), durante pesquisas no ambiente escolar, geralmente os educandos realizam apenas uma consulta a diversos materiais, como livros, jornais, vídeos, entre outros. Todavia, para esses autores,

> para se realizar uma pesquisa é preciso promover o confronto entre os dados, as evidências, as informações coletadas sobre determinado assunto e o conhecimento teórico acumulado a respeito dele. Em geral isso se faz a partir do estudo de um problema, que ao mesmo tempo desperta o interesse do pesquisador e limita sua atividade de pesquisa a uma determinada porção do saber, a qual ele se compromete a construir naquele momento. Trata-se, assim, de uma ocasião privilegiada, reunindo o pensamento e ação de uma pessoa, ou de um grupo, no esforço de elaborar o conhecimento de aspectos da realidade que deverão servir para a composição de soluções propostas aos seus problemas. Esse conhecimento é, portanto, fruto da curiosidade, da inquietação, da inteligência e da atividade investigativa dos indivíduos, a partir e em continuação do que já foi elaborado e sistematizado pelos que trabalharam o assunto anteriormente. Tanto pode ser confirmado como negado pela pesquisa o que se acumulou a respeito desse assunto, mas o que não pode é ser ignorado. (Lüdke; André, 1986, p. 1-2)

Perceba que a pesquisa está inserida na modelagem matemática, uma vez que os estudantes realizam questionamentos, advindos de sua vivência ou da curiosidade, na busca de soluções. Essas soluções, muitas vezes, são apoiadas em pesquisadores ou no cotidiano, ou seja, considera-se o conhecimento já gerado por outros indivíduos.

Precisamos entender o que é a pesquisa e seus tipos, introduzindo, assim, nossos estudantes nessa modalidade. Principalmente, é necessário entendermos que

> O papel do pesquisador é justamente o de servir como veículo inteligente e ativo entre esse conhecimento acumulado na área e as novas evidências que serão estabelecidas a partir da pesquisa. É pelo seu trabalho como pesquisador que o conhecimento específico do assunto vai crescer, mas esse trabalho vem carregado e comprometido com todas as peculiaridades do pesquisador. (Lüdke; André, 1986, p. 5)

Dessa forma, a modelagem matemática vem ao encontro da seguinte afirmação de Lüdke e André (1986, p. 2):

> A pesquisa, então, não se realiza numa estratosfera situada acima da esfera de atividades comuns e correntes do ser humano, sofrendo assim as injunções típicas dessas atividades. Encontramos por vezes, entre nossos alunos e até mesmo na literatura especializada, [...] certa indicação de que a atividade de pesquisa se reservaria a alguns eleitos, que a escolheram, ou por ela foram escolhidos, para exercê-la em caráter exclusivo, em condições especiais e até mesmo assépticas em sua torre de marfim, isolada da realidade. Nossa posição, ao contrário, situa a pesquisa bem dentro das atividades normais do profissional da educação, seja ele professor, administrador, orientador, supervisor, avaliador etc. Não queremos com isso subestimar o trabalho da pesquisa como função que se exerce rotineiramente, para preencher expectativas legais. O que queremos é aproximá-la da vida diária do educador, em qualquer âmbito em que ele atue, tornando-a um instrumento de enriquecimento do seu trabalho.

De maneira geral, a pesquisa segue alguns passos que, dependendo da abordagem utilizada, apresentam etapas específicas, que podem ser assim sumarizadas:

- **Definição da proposta** – Etapa em que se define o que pesquisar, por que pesquisar e onde pesquisar. Algo importante nessa fase é a verificação de outras pesquisas relacionadas àquela que se pretende desenvolver e a verificação da fundamentação teórica utilizada pelos trabalhos lidos, ou seja, em quais teóricos esses trabalhos se basearam para analisar os resultados.

- **Formulação das hipóteses** – Nessa etapa, deve-se indicar quais são as prováveis respostas para o problema questionado, bem como os levantamentos a serem realizados para validação ou invalidação das respostas.

- **Coletas de dados** – Etapa em que são definidos os instrumentos a serem utilizados para coletar os dados, como questionários (incluindo os tipos de questões), entrevistas, análise de documentos, entre outros.

- **Análise dos dados** – Dependendo da abordagem, essa análise pode ser realizada durante o processo ou após concluída a coleta de dados. Para isso, podem ser utilizados conceitos provenientes da estatística ou de uma análise subjetiva, por interpretação de respostas pelo pesquisador.

- **Redação do relatório** – Nessa etapa, o pesquisador realiza a descrição das análises, indicando suas considerações sobre a pesquisa realizada, baseando-se na fundamentação teórica definida anteriormente.

Agora que você já conhece as diretrizes principais de uma pesquisa, vamos verificar as duas abordagens indicadas no início deste capítulo. Ao explicitar as abordagens, relacionamo-las a uma pesquisa de modelagem matemática, mostrando como os autores a executaram.

6.2 Pesquisa quantitativa

A pesquisa quantitativa é aquela em que podemos quantificar as informações, as opiniões e os conhecimentos, ou seja, traduzir os dados em números e, na sequência, analisá-los. Como as análises ocorrem por meio de respostas numéricas, os conceitos são provenientes da área de estatística – como média, desvio padrão, moda, mediana, entre outros. Além disso, por trabalhar com conceitos provenientes da estatística, são necessários muitos dados, que podem ser coletados por meio de entrevistas, questionários e outros instrumentos semelhantes.

Para D'Ambrosio e D'Ambrosio (2006, p. 77), a pesquisa quantitativa é aquela que "lida com grande número de indivíduos, recorrendo aos métodos estatísticos para a análise de dados coletados de maneiras diversas, inclusive mesmo entrevistas. [...] Chamá-la de pesquisa estatística ou pesquisa positivista é ainda comum".

Essa é a abordagem mais adequada quando se quer comparar, de forma numérica, opiniões e atitudes, podendo ser projetadas as respostas para muitas pessoas que não fizeram parte da pesquisa.

Exemplificando

Você deve estar se perguntando: Projetadas as respostas para muitas pessoas que não fizeram parte da pesquisa? Isso mesmo! Um exemplo são as eleições, que ocorrem de dois em dois anos.
Para as eleições, são realizadas constantemente pesquisas de abordagem quantitativa, em que se procura quantificar o número ou o percentual de eleitores que têm intenção de votos para cada um dos diversos candidatos que estão concorrendo ao pleito eleitoral. Perceba que nem todos os eleitores são entrevistados; no entanto, é projetada a quantidade de votos que os candidatos terão, considerando apenas a parcela de entrevistados. Isso é possível devido à atualização de recursos provenientes da estatística e outros conceitos e técnicas da matemática.

Nessas pesquisas, é necessário definir alguns componentes, por exemplo: se for realizada entrevista, é preciso determinar o público que será entrevistado; se for realizada pesquisa em documentos (para verificar quantos apresentam certos conceitos), deve ser definido o tipo de documento a ser utilizado. Todos os elementos são determinados de maneira criteriosa, com base em hipóteses e questionamentos que sejam facilmente quantificáveis (expressos em quantidade).

Se, durante a pesquisa, o pesquisador conseguir analisar todos os documentos ou entrevistar as pessoas, dizemos que *toda a população foi avaliada*. No entanto, analisar toda a população é algo muito complexo, principalmente devido ao grande número de elementos. Assim, analisamos apenas uma parte da população, a qual denominamos *amostra*.

Exemplificando

Suponha que um professor queira saber quantos estudantes do 6º ano do ensino fundamental compreendem os conceitos de adição, subtração, divisão e multiplicação. Assim, a população são todos os estudantes do 6º ano do ensino fundamental. É evidente que essa pesquisa terá muitos elementos a serem analisados, ou seja, todos os estudantes matriculados nesse ano, de escolas públicas e privadas do Brasil, visto que não foi limitado o tema. Por essa dificuldade, nessa pesquisa, será determinada apenas uma parcela desses estudantes a serem entrevistados, que é denominada *amostra*, a qual pode ser fornecida pela escolha de algumas escolas da cidade ou do estado, ou mesmo de várias cidades e de vários estados. Uma vez que o pesquisador mantém um distanciamento do processo, geralmente utiliza o questionário, com poucas questões descritivas, como instrumento de coleta de dados.

Mesmo sendo apenas parte da população, a amostra na pesquisa quantitativa sempre exigirá grande número de elementos, pois quanto maior for o número de análises e entrevistas realizadas, mais confiável serão os resultados obtidos, expressando de maneira mais fiel os resultados previstos para a população.

Os resultados são expressos numericamente, representados em tabelas e gráficos, entre outros recursos, que, na sequência, são interpretados e, assim, expostas as conclusões com a finalidade de não gerar dúvidas. Para interpretar os resultados, são utilizados conceitos da estatística, como média, percentagem, entre outros.

Destacamos algumas considerações baseadas em Teixeira (2010) quanto à utilização da pesquisa quantitativa. A primeira é o fato de o pesquisador manter certa distância do processo, ou seja, ele não deve se envolver com os entrevistados ou documentos. Portanto, ele não busca analisar os elementos considerando o contexto socioeconômico-político, visto que está procurando generalizações. Com isso, a análise deve ser realizada por meio do raciocínio lógico-dedutivo.

Importante!

As etapas da modelagem matemática definidas por Biembengut (1999) podem ser analisadas pela pesquisa quantitativa. A pesquisa quantitativa pode estar presente na segunda (levantamento de hipóteses e questionamentos) e terceira (resolução do modelo) fases apontadas pela autora. Dessa forma, não somente o pesquisador, mas também os estudantes podem utilizar essa abordagem de pesquisa. É evidente que a complexidade das estatísticas utilizadas na análise dos resultados e na resolução do modelo depende do nível de escolaridade dos estudantes.

Vamos, a seguir, ver uma prática de modelagem matemática na qual os autores realizaram a análise por meio da abordagem quantitativa.

6.2.1 Análise de uma prática de modelagem matemática na abordagem quantitativa*

O trabalho é *Internet e a matemática do ensino fundamental e médio*, da autora Ivonete Vitor de Andrade Tadiotto (2008), sob orientação de Paulo Laerte Natti, produzido no Programa de Desenvolvimento Educacional do Paraná, cujo problema para investigação foi: "Quais são as situações mais relevantes sobre crimes eletrônicos nas atividades matemáticas direcionadas à resolução de problemas?".

Durante a pesquisa, os autores aplicaram um questionário antes e depois da prática para verificar os conhecimentos dos estudantes com relação às atividades de modelagem e, ao final, analisaram os dados quantitativos.

As questões do questionário foram divididas em dois tipos: (1) múltipla escolha; e (2) dissertativa. Algumas das opções de múltipla escolha foram:

> [...] Você já se envolveu em algum tipo de crime eletrônico, mesmo que involuntariamente? [...]
>
> Qual o tipo de crime eletrônico mais comum aplicado aos jovens?
>
> [...]
>
> Você acha que a partir do conhecimento sobre crimes eletrônicos é possível estudar conteúdos de Matemática? [...]
>
> Você sabe o que é uma função exponencial? [...]
>
> Você sabe utilizar corretamente a calculadora para efetuar cálculos com descontos ou aumentos percentuais?
>
> [...]
>
> A Matemática faz parte do seu dia a dia? [...] (Tadiotto; Natti, 2008, p. 21-22)

---

* As informações desta seção foram extraídas de Tadiotto e Natti (2008).

Quanto às questões dissertativas, algumas delas foram: "[...] Hoje, quais os principais benefícios e os malefícios da internet? [...] Qual o verdadeiro significado e utilidade de um gráfico? [...] Qual a importância do Provedor no controle de ataque de vírus, [sic] à rede de computadores via internet?" (Tadiotto; Natti, 2008, p. 21-22).

Como forma de qualificação do tema pesquisado, foi realizada uma entrevista com um profissional da Polícia Federal da cidade de Londrina (PR) e uma visita à empresa de telecomunicações da cidade. Como resultado da visita, o professor mudou a metodologia, desenvolvendo e solicitando uma atividade com recursos computacionais, sobretudo com o uso da internet.

O gráfico a seguir é uma das conclusões obtidas da pesquisa realizada.

Gráfico 6.1 – Alunos vítimas de crimes eletrônicos

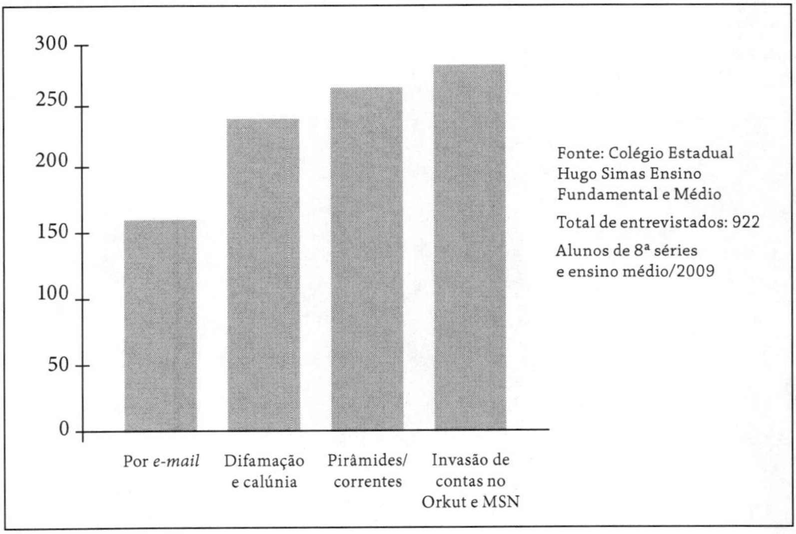

Categoria	Valor
Por e-mail	~160
Difamação e calúnia	~240
Pirâmides/correntes	~260
Invasão de contas no Orkut e MSN	~280

Fonte: Colégio Estadual Hugo Simas Ensino Fundamental e Médio
Total de entrevistados: 922
Alunos de 8ª séries e ensino médio/2009

Fonte: Tadiotto; Natti, 2008, p. 14.

Com relação aos itens apresentados no Gráfico 6.1, conforme Tadiotto e Natti (2008, p. 13-14), "temas como difamação e calúnia, invasão de contas do Orkut e MSN" contribuíram para a realização de uma pesquisa com estudantes das oitavas séries e do ensino médio.

Com base nisso, o professor propôs outra atividade, com a finalidade de determinar um modelo ou uma função que expressasse a seguinte problematização: "[Qual] o número [...] de correspondências encaminhadas, caso cada receptor da correspondência original reencaminhe esta correspondência para outros 10 usuários[?]" (Tadiotto; Natti, 2008, p. 14).

Tabela 6.1 – Modelo matemático

TABELA DO MODELO MATEMÁTICO		
DIAS	NÚMERO DE PESSOAS ENVOLVIDAS	NA FORMA DE POTÊNCIA
1º	$10 = 10 \cdot 1$	10^1
2º	$100 = 10 \cdot 10$	10^2
3º	$1.000 = 10 \cdot 10 \cdot 10$	10^3
4º	$10.000 = 10 \cdot 10 \cdot 10 \cdot 10$	10^4
5º	$100.000 = 10 \cdot 10 \cdot 10 \cdot 10 \cdot 10$	10^5
6º	$1.000.000 = 10 \cdot 10 \cdot 10 \cdot 10 \cdot 10 \cdot 10$	10^6
7º	$10.000.000 = 10 \cdot 10 \cdot 10 \cdot 10 \cdot 10 \cdot 10 \cdot 10$	10^7
...		...
100º	...	10^{100}
...		...
1.000º	...	$10^{1.000}$

Fonte: Tadiotto; Natti, 2008, p. 16.

Com relação ao questionário aplicado antes e depois da realização das atividades, o gráfico a seguir foi elaborado pelos autores.

Gráfico 6.2 – Comparativo das atividades desenvolvidas na aplicação do projeto pedagógico – PDE/2009

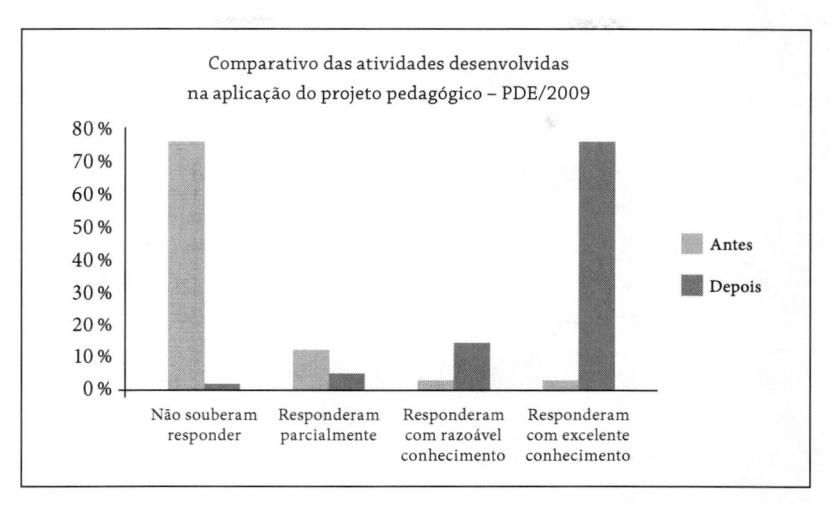

Comparativo das atividades desenvolvidas na aplicação do projeto pedagógico – PDE/2009

	Não souberam responder	Responderam parcialmente	Responderam com razoável conhecimento	Responderam com excelente conhecimento
Antes	~78%	~12%	~2%	~2%
Depois	~2%	~5%	~15%	~77%

Fonte: Tadiotto; Nati, 2008, p. 18.

Conforme Tadiotto e Natti (2008, p. 18), o gráfico mostra que:

> 78% dos alunos não souberam responder aos questionados antes do desenvolvimento do projeto pedagógico, por meio da metodologia da Modelagem Matemática, ao final da intervenção pedagógica, 77% dos alunos responderam com excelente conhecimento sobre temas como crimes eletrônicos e a importância da Matemática no dia a dia.

Nessa prática de modelagem matemática, percebemos que a pesquisa quantitativa esteve presente durante o processo, tanto na análise do docente quanto na análise dos estudantes, para direcionar os temas a serem estudados.

Assim, reafirmamos que a pesquisa quantitativa pode estar presente na modelagem matemática por meio das análises dos estudantes ou nossa, na qualidade de professores e pesquisadores.

6.3 Pesquisa qualitativa

Vamos iniciar esta seção com uma reflexão de Borba e Araújo (2013, p. 23):

> falar em pesquisa qualitativa pode ser uma grande novidade, ou um grande desafio, para alguém que "trabalha com quantidades", como é o caso de professores de Matemática. Algumas perguntas podem surgir: por que realizar uma pesquisa qualitativa em vez de uma pesquisa quantitativa? Que tipo de informação cada uma poderia fornecer para o campo de pesquisa da Educação Matemática?

Com a citação apresentada, percebemos que a pesquisa qualitativa não trabalha diretamente com números, por isso os autores afirmam que, para os professores de Matemática, essa abordagem de pesquisa é um grande desafio, uma vez que os dados podem não ser mensuráveis. Ela procura questionar, por exemplo, os entrevistados sobre o que sabem, o que pensam e a opinião deles a respeito de algum tema ou conceito. Na análise, não são utilizadas técnicas estatísticas, mas procedimentos que buscam compreender semelhanças entre os participantes das pesquisas, o que proporciona a livre interpretação do pesquisador.

Para D'Ambrosio e D'Ambrosio (2006, p. 78), a pesquisa qualitativa é definida como aquela que procura

> entender e interpretar dados e discursos, mesmo quando envolve grupos de participantes. Também chamada de método clínico, essa modalidade de pesquisa foi fundamental na emergência da psicanálise e da antropologia. Ela depende da relação observador-observado [...]. A sua metodologia por excelência repousa sobre a interpretação e as técnicas de análise de discurso.

Segundo Bogdan e Biklen (1994, p. 47-50), há cinco características que identificam uma pesquisa qualitativa, são elas:

1. Na investigação qualitativa a fonte direta de dados é o ambiente natural, constituindo o investigador o instrumento principal. [...]

2. A investigação qualitativa é descritiva. Os dados recolhidos são em forma de palavras ou imagens e não de números. [...]
3. Os investigadores qualitativos interessam-se mais pelo processo do que simplesmente pelos resultados ou produtos. [...]
4. Os investigadores qualitativos tendem a analisar os seus dados de forma indutiva. [...]
5. O significado é de importância vital na abordagem qualitativa.

Na utilização desse tipo de abordagem de pesquisa (qualitativa), o pesquisador se mantém próximo ao processo, muitas vezes participando dele. Por exemplo, quando um professor realiza uma pesquisa em que precisa observar como seus estudantes pensam ou constroem certo conceito, ele está envolvido na pesquisa. Diferentemente da pesquisa quantitativa, em que o instrumento mais utilizado é o questionário, na pesquisa qualitativa as observações são o instrumento primordial.

Ainda, muitos pesquisadores associam a pesquisa qualitativa ao termo *qualidade*. Porém, relacionar essa pesquisa a esse termo não é tão fácil, pois, segundo Góes, A. R. T. (2012, p. 22), a palavra *qualidade* "pode ter muitos significados e depende de onde [sic] [...] é empregado, pois para cada conceito existem vários níveis de abstração, sendo assim, não tem um único sentido".

As análises da pesquisa qualitativa são subjetivas, buscando o desenvolvimento de teoria sobre certo tema. Isso ocorre por meio da interpretação de palavras, ideias, opiniões e comentários contidos nos instrumentos de coleta de dados (questionário, gravações de áudio e vídeo, observações do pesquisador, desenhos, recortes de diversos tipos de documentos, entre outros). Algo a se observar, importante nessa abordagem, é o contexto socioeconômico-político, uma vez que não se procuram generalizações, mas sim particularidades. Assim, a análise é realizada por meio do raciocínio indutivo.

De maneira geral, no ambiente escolar, a pesquisa qualitativa busca mostrar a complexidade do cotidiano da escola, por exemplo: a compreensão de conceitos pelos estudantes, a infraestrutura do ambiente, a formação docente, as políticas educacionais e outros que estão diretamente associados a tal ambiente.

Como essa abordagem de pesquisa se preocupa com a qualidade dos dados, a amostra é, geralmente, pequena. Isso também se deve ao fato de o pesquisador participar do processo.

> **Exemplificando**
>
> Utilizando o exemplo de pesquisa quantitativa que ilustramos na seção anterior, um professor pretende pesquisar sobre a compreensão, por estudantes de 6º ano do ensino fundamental, de conceitos como adição, subtração, divisão e multiplicação. A população, nesse exemplo, são todos os estudantes do 6º ano do ensino fundamental. No entanto, nossa amostra são apenas alguns estudantes ou, ainda, um número reduzido deles, visto que nessa abordagem o professor deverá estar próximo da pesquisa, realizando as observações e as descrições.

Agora que já compreendemos o que é uma pesquisa qualitativa, veremos uma prática de modelagem matemática em que a autora realiza a análise na abordagem qualitativa.

6.3.1 Análise de uma prática de modelagem matemática na abordagem qualitativa[*]

O trabalho descrito a seguir é uma dissertação de mestrado produzida no Programa de Pós-Graduação em Educação em Ciências e Matemáticas, da Universidade Federal do Pará (UFPA), de autoria de Edilene Farias Rozal (2007), sob o título *Modelagem matemática e os temas transversais na educação de jovens e adultos*.

---

[*] As informações desta seção foram extraídas de Rozal (2007).

Os temas abordados foram sugeridos pela pesquisadora. São eles: obesidade; consumo de energia elétrica de eletrodomésticos; barulho demais faz mal à saúde. Esses temas contemplam os seguintes eixos transversais: saúde, trabalho e consumo e meio ambiente.

A coleta de dados ocorreu por meio de observações e registros das falas, das atitudes e do comportamento dos estudantes participantes. Posteriormente, esses registros foram analisados e Rozal (2007) concluiu que os estudantes tiveram evolução no processo de ensino-aprendizagem. Em acréscimo, a autora ressalta: "a importância da inserção da Modelagem como estratégia de ensino, e que apesar de alguns obstáculos para a sua implementação no ensino, ela pode proporcionar ao aluno da EJA aquisição de conteúdos matemáticos e possibilidades de torná-lo um cidadão crítico e reflexivo" (Rozal, 2007, p. 10).

Entre os obstáculos enfrentados pela pesquisadora estava o cumprimento dos conteúdos programáticos. No entanto, devemos lembrar que, com a modelagem matemática, os saberes vão surgindo na medida em que são necessários. Nessa tendência da educação matemática, o currículo deve ser flexível, permitindo um trabalho que se desenvolva de forma tranquila, contradizendo o paradigma dominante presente em muitas instituições de ensino. A modelagem matemática é uma forma de mostrar o quão importante é a matemática na condição de ciência e ferramenta para solucionar problemas, sejam escolares, sejam do cotidiano.

Rozal (2007, p. 131) ainda acrescenta que

> os alunos superaram a impressão negativa em relação à Matemática. O envolvimento dos alunos por meio da inserção da Modelagem Matemática na EJA também contribuiu para que crescessem positivamente com os argumentos que diferenciavam as aulas dos anos anteriores com as aulas que foram desenvolvidas através das atividades propostas.

Em suas considerações finais, a autora reafirma um item importante da pesquisa qualitativa: a aproximação com o processo:

Uma das vantagens que percebi no trabalho com a Modelagem é que quando o professor-pesquisador é titular da turma, torna-se mais fácil observar de perto cada dificuldade, dúvida, sucessos e/ou insucessos dos nossos alunos porque estamos presentes na turma de forma bem contínua, no meu caso, durante oito meses pude acompanhar todo o desenvolvimento dos alunos. (Rozal, 2007, p. 132)

O que podemos depreender desse trabalho que envolveu a modelagem matemática é que a modalidade de pesquisa qualitativa esteve presente durante o processo, principalmente no que diz respeito à análise das observações dos estudantes. Os estudantes puderam, por meio das observações e dos resultados obtidos, vivenciar a construção e a apropriação de seu conhecimento e perceber como isso influenciou em seu cotidiano.

Essa afirmação é comprovada pela fala das estudantes Valéria e Ruana, que relatam, respectivamente: "Nas aulas anteriores, era somente copiar o assunto e fazer os exercícios e a prova. Com as atividades foi diferente, aprendemos sem ser preciso fazer prova" (Rozal, 2007, p. 138); "Essas atividades mudaram muito a minha vida, pois quando vou comer um alimento eu olho a quantidade de sódio. Aprendi a calcular o meu IMC e calculo de todos da minha família e se tem alguém obeso ou magro demais tento selecionar os alimentos me baseando pelo que aprendi" (Rozal, 2007, p. 134).

Assim, concluímos esta seção afirmando que a pesquisa qualitativa também é uma forma de abordagem a ser utilizada na análise da modelagem matemática pelo professor ou pesquisador, mas também pelos estudantes, que podem valer-se dela no decorrer do processo para analisar os resultados obtidos.

Na próxima seção, apresentaremos algumas considerações sobre as pesquisas quantitativa e qualitativa, mostrando como uma pode complementar a outra.

6.4 Considerações sobre as pesquisas qualitativa e quantitativa

Nas seções anteriores, verificamos as pesquisas quantitativa e qualitativa e como elas estão relacionadas à modelagem matemática. No entanto, apesar de dedicarmos seções exclusivas a cada uma delas, concordamos com Lüdke e André (1986) quando afirmam que a escolha por uma das abordagens de pesquisa apresentadas, seja qualitativa, seja quantitativa, não exclui a outra. Na verdade, uma complementa a outra.

Para saber mais

GÜNTHER, H. Pesquisa qualitativa *versus* pesquisa quantitativa: esta é a questão? **Psicologia: Teoria e Pesquisa**, Brasília, v. 22, n. 2, p. 201-210, maio/ago. 2006. Disponível em: <https://www.scielo.br/j/ptp/a/HMpC4d5cbXsdt6RqbrmZk3J/?lang=pt>. Acesso em: 20 abr. 2023.

As pesquisas quantitativas e qualitativas, em um primeiro momento, podem gerar muitas dúvidas. Assim, para uma melhor compreensão sobre as diferenças entre elas, sugerimos que você aprofunde seus estudos com a leitura desse artigo.

Na pesquisa quantitativa, por exemplo, quando estamos realizando a análise dos dados, podemos ter uma visão mais ampla dos resultados se fizermos interseções com outras questões, gerando, assim, informações qualitativas.

Exemplificando

Para ilustrar, temos a situação apresentada por Bzunek et al. (2015), que realizaram uma pesquisa de análise de erros em questões da disciplina de Matemática. Para isso, aplicaram um instrumento contendo dez questões com problemas e conceitos relacionados ao ano anterior ao que os estudantes estavam cursando na época da aplicação. Em um primeiro momento, os autores procuram identificar quantos estudantes cometeram algum tipo de erro nas respostas. Mas, no decorrer da análise, perceberam que apenas identificar a quantidade de estudantes que errou determinada questão não era suficiente. Assim, retomaram a análise em uma abordagem qualitativa, englobando mais de uma questão ao mesmo tempo. Os autores ilustraram a análise qualitativa quando diversos estudantes não souberam resolver a questão que solicitava o **produto** entre dois números; no entanto, outra questão em que era solicitada a **multiplicação** entre dois números, e uma terceira, em que a operação já estava explícita, os estudantes resolveram sem erros. Assim, se a abordagem realizada pelos autores fosse apenas a quantitativa, eles expressariam que certo número de estudantes não compreende o conceito *produto* e teriam analisado apenas uma questão. No entanto, com a abordagem qualitativa, eles foram além dessa conclusão: perceberam que os estudantes compreendem o conceito *produto* e concluíram que o desconhecido pelos estudantes era o termo *produto*. Com isso, os autores puderam indicar, ao final da prática, para esse exemplo específico, que os professores regentes deviam trabalhar com maior frequência os termos matemáticos em sala de aula.

Finalizamos esta seção indicando comparações realizadas por Teixeira (2010, p. 138), que afirma que, na pesquisa quantitativa, a importância quanto à "ênfase na interpretação do entrevistado" ocorre em menor grau que na pesquisa qualitativa; isso porque, para a pesquisa qualitativa, o contexto socioeconômico-político é importante para a análise. Além disso, como na pesquisa qualitativa o pesquisador está mais próximo do processo, seu ponto de vista é fundamental na análise e nas conclusões finais, o que não ocorre na pesquisa quantitativa, que, na maioria das técnicas, não recebe influência do pesquisador, uma vez que são obtidas medidas que são interpretadas conforme sua natureza e grandeza. Dessa maneira, na pesquisa quantitativa, temos a fundamentação teórica e as hipóteses definidas com maior rigor do que na pesquisa qualitativa, já que nesse tipo de pesquisa aplicamos técnicas sem questionamento ou considerações pessoais.

Na próxima seção, apresentaremos outra forma de pesquisa, a **pesquisa de opinião**, por meio do projeto Nossa Escola Pesquisa sua Opinião (Nepso).

6.4.1 Pesquisa de opinião

Uma metodologia de pesquisa, mais especificamente a pesquisa de opinião, que entendemos que pode se aproximar da modelagem matemática e que envolve tanto a pesquisa qualitativa quanto a pesquisa quantitativa é apresentada no projeto Nossa Escola Pesquisa sua Opinião (Nepso), apoiado pela Organização das Nações Unidas para a Educação, a Ciência e a Cultura (Unesco).

O projeto Nepso, destacado de maneira breve, é composto de cinco fases. A primeira é a definição do tema a ser estudado, proveniente do interesse dos estudantes, não se restringindo somente à matemática. Por não se restringir somente à matemática é que afirmamos que o Nepso *se aproxima* da modelagem matemática. A segunda fase é a qualificação do tema, quando estudantes e professor buscam informações sobre o tema, com a finalidade de definir o que será pesquisado, ou seja, a delimitação do estudo. Para isso, podem ser realizadas entrevistas com profissionais de outras áreas, leitura de textos, análise de vídeos documentários, pesquisas na internet etc. Definida a delimitação do tema, passa-se à terceira fase, que consiste na elaboração de questionários a serem aplicados com o público-alvo. Na sequência, são realizadas as análises, que podem ser quantitativas e qualitativas, conforme os tipos de questões e os resultados que pretendem expressar. Ao final, são feitas as considerações e propostas ações com relação ao tema em pesquisa.

Maiores detalhes sobre essa metodologia e os trabalhos já desenvolvidos podem ser vistos no Instituto Paulo Montenegro (2023).

Síntese

Neste capítulo, apresentamos a diferença entre a pesquisa qualitativa e a pesquisa quantitativa no ambiente escolar. Mostramos como elas podem ser utilizadas pelo professor ou pesquisador na análise do trabalho e no desenvolvimento da modelagem matemática.

Para ampliar o estudo, trouxemos a pesquisa de opinião, por meio do projeto Nossa Escola Pesquisa Sua Opinião (Nepso), que envolve em suas fases as pesquisas qualitativa e quantitativa, mostrando que ambas as formas podem estar contempladas em um mesmo trabalho.

Indicações culturais

Os textos indicados a seguir utilizam técnicas de previsão nos problemas que são tratados. Ao lê-los, você verificará que não são relacionados à educação, no entanto, mostram como é possível prever algo por meio da análise de uma parte dos elementos ou de dados históricos.

FRANCO, D. G. de B.; STEINER, M. T. A. Estudo comparativo de redes neurais artificiais para previsão de séries temporais financeiras. In: SIMPÓSIO DE PESQUISA OPERACIONAL E LOGÍSTICA DA MARINHA – SPOLM, 17., 2014, São Paulo. **Anais...** São Paulo: Blucher, 2014. n. 1, v. 1, p. 303-313. Disponível em: <http://www.proceedings.blucher.com.br/article-details/estudo-comparativo-de-redes-neurais-artificiais-para-previso-de-sries-temporais-financeiras-9862>. Acesso em: 9 maio 2023.

PACHECO, R. F.; SILVA, A. V. F. Aplicação de modelos quantitativos de previsão em uma empresa de transporte ferroviário. In: ENCONTRO NACIONAL DE ENGENHARIA DE PRODUÇÃO, 23., 2003, Ouro Preto. **Anais...** Goiânia: PUCGoiás, 2003. Disponível em: <https://abepro.org.br/biblioteca/enegep2003_tr0112_0564.pdf>. Acesso em: 9 maio 2023.

PELLEGRINI, F. R.; FOGLIATTO, F. S. Passos para implantação de sistemas de previsão de demanda: técnicas e estudo de caso. **Revista Produção**, São Paulo, v. 11, n. 1, p. 43-64, nov. 2001. Disponível em: <https://www.scielo.br/j/prod/a/gkHJjJVRgbdbDW4qMBDRKpS/?lang=pt>. Acesso em: 9 maio 2023.

O seguinte livro apresenta uma ampla visão sobre a utilização da estatística em diversas áreas:

CASTANHEIRA, N. P. **Estatística aplicada a todos os níveis**. Curitiba: InterSaberes, 2013.

Veja diferentes formas de determinar a amostra de uma pesquisa no livro a seguir:

SANTO, A. do E. **Delineamentos de metodologia científica**. São Paulo: Loyola, 1992.

Para estudar sobre raciocínio lógico-dedutivo, leia o seguinte livro:

GÓES, A. R. T.; GÓES, H. C. **Ensino da matemática**: concepções, metodologias, tendências e organização do trabalho pedagógico. Curitiba: InterSaberes, 2015.

Sobre o paradigma dominante, leia o seguinte artigo:

PENTEADO, D. R.; FERNANDES, V.; BURAK, D. Modelagem matemática na educação infantil e relações possíveis com o paradigma emergente: o relato de uma experiência. In: ENCONTRO PARANAENSE DE EDUCAÇÃO MATEMÁTICA – EPREM, 12., 2014, Campo Mourão. **Anais...** Campo Mourão: Sbem-PR, 2014. Disponível em: <http://sbemparana.com.br/arquivos/anais/epremxii/ARQUIVOS/COMUNICACOES/CCTitulo/CC042.PDF>. Acesso em: 9 maio 2023.

Atividades de autoavaliação

1. Se, ao estudar uma pesquisa, o professor ou pesquisador analisou os dados obtidos nos questionários utilizando técnicas estatísticas e realizou uma análise das falas registradas em questões descritivas, podemos afirmar que:

    a) a pesquisa é exclusivamente quantitativa.

    b) a pesquisa é quantitativa e qualitativa.

- c) a pesquisa é exclusivamente qualitativa, visto que há análise de questões descritivas.
- d) para podermos afirmar que a pesquisa utilizou traços da pesquisa qualitativa, precisaríamos saber o quão próximo o professor ou pesquisador esteve do processo.
- e) independentemente do quão próximo o professor ou pesquisador esteve do processo, a pesquisa é classificada como qualitativa.

2. Quanto à pesquisa quantitativa, assinale a alternativa que apresenta a afirmação **incorreta**:

   - a) O pesquisador deve manter certa distância do processo, ou seja, não se envolver com os entrevistados ou documentos.
   - b) Não trabalha diretamente com números, sendo um grande desafio para os professores de matemática, uma vez que os dados não podem ser mensuráveis.
   - c) O entrevistador não busca analisar os elementos considerando o contexto socioeconômico-político, visto que está procurando generalizações.
   - d) A análise pode ser por meio de raciocínio lógico-dedutivo.
   - e) São pesquisas em que os dados podem ser mensuráveis.

3. Quanto à pesquisa qualitativa, assinale a alternativa que apresenta a afirmação **incorreta**:

   - a) Procura explorar o que os entrevistados sabem, pensam e a opinião a respeito de algum tema ou conceito.
   - b) Na análise, nem sempre são utilizadas técnicas estatísticas, mas procedimentos que buscam compreender semelhanças entre os participantes das pesquisas, o que proporciona a livre interpretação do pesquisador.
   - c) Não se utiliza o questionário, visto que esse instrumento fornece apenas dados que podem ser tratados por técnicas estatísticas e, assim, a pesquisa é realizada em uma abordagem quantitativa.
   - d) O pesquisador se mantém próximo ao processo, muitas vezes participando dele; por exemplo, quando um professor realiza

uma pesquisa em que precisa observar como seus estudantes pensam ou constroem certo conceito, ele está envolvido na pesquisa.

e) Um dos instrumentos de pesquisa é o questionário, que proporciona dados que podem ser tratados de maneira qualitativa.

4. Analise as afirmações a seguir e marque V para as verdadeiras e F para as falsas.

( ) As pesquisas quantitativa e qualitativa podem estar presentes na modelagem matemática tanto no processo desenvolvido pelos estudantes quanto na análise dos resultados da utilização dessa tendência pelo professor ou pesquisador.

( ) A pesquisa quantitativa ocorre quando estamos realizando a análise dos dados e podemos ter uma visão mais ampla dos resultados se realizamos interseções com outras questões, gerando, assim, informações qualitativas.

( ) Em Bzunek et al. (2015), a utilização das duas abordagens de pesquisa (qualitativa e quantitativa) foi fundamental para a análise do trabalho, em que os autores concluíram que os estudantes pesquisados não conhecem o termo *produto*, mas sabem resolver o produto entre dois números.

Agora, marque a alternativa que apresenta a sequência correta:

a) V, V, V.
b) V, V, F.
c) F, V, V.
d) V, F, F.
e) F, F, F.

5. Analise as afirmações a seguir e marque V para as verdadeiras e F para as falsas.

( ) A pesquisa quantitativa aparece durante o processo da modelagem matemática, mas é evidente que a complexidade das estatísticas a serem utilizadas na análise dos resultados e na resolução do modelo depende do nível de escolaridade dos estudantes.

( ) No trabalho desenvolvido por Tadiotto e Natti (2008), a análise realizada foi exclusivamente pela abordagem quantitativa.

( ) Rozal (2007) não enfrentou nenhum obstáculo ao desenvolver seu trabalho, principalmente pelo fato de o currículo ser flexível na educação de jovens e adultos (EJA).

Agora, marque a alternativa que apresenta a sequência correta:
a) V, V, V.
b) V, V, F.
c) F, V, V.
d) V, F, F.
e) F, F, F.

ATIVIDADES DE APRENDIZAGEM

Questões para reflexão

1. Indique e explique um ponto positivo da utilização da modelagem matemática e da pesquisa no ambiente escolar.

2. Relacione as etapas da modelagem matemática propostas por Biembengut (1999) com as fases de uma das pesquisas apresentadas neste capítulo.

Atividade aplicada: prática

1. Há diversas práticas docentes sobre modelagem matemática publicadas em anais de eventos e revistas que podem ser acessados pela internet. Escolha, no mínimo, dois trabalhos para analisar o tipo de abordagem utilizada e, na sequência, realize um diário de bordo de sua pesquisa com os pontos principais dos trabalhos analisados.

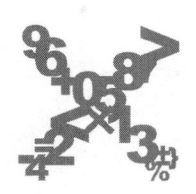

Considerações finais

Esperamos que você tenha desfrutado de todos os recursos que incluímos nesta obra. Queremos que saiba que ela foi pensada como suporte e aprofundamento do tema apresentado em sua profissão. Esperamos que este material lhe tenha sido útil, pois ele foi concebido com base em nossas experiências como professores da educação básica e do ensino superior.

Os temas abordados são muito amplos; no entanto, a essência de cada um deles está disponibilizada neste material. Assim, para aprofundar seus estudos, se você não teve tempo ou curiosidade para ver os textos complementares indicados ao longo do livro, sugerimos que faça isso agora. Você perceberá, após a leitura desses textos, que terá adquirido muito mais conhecimento sobre os assuntos tratados.

Recorremos a diversos estudiosos como subsídio sobre as questões discutidas e indicamos práticas de ensino com o objetivo de auxiliar você a entender um pouco mais sobre o ensino da matemática por meio da modelagem matemática. Buscamos oferecer uma combinação de teoria e prática, que pode ser encontrada em todo o material.

Este é apenas o início do debate sobre a importância da modelagem matemática no ensino e no aprendizado de matemática.

Um grande abraço e até a próxima!

Referências

ALMEIDA, L. W. de; SILVA, K. P. da; VERTUAN, R. E. **Modelagem matemática na educação básica**. São Paulo: Contexto, 2013.

ANGOTTI, M. **O trabalho docente na pré-escola**: revisitando teorias, descortinando práticas. São Paulo: Pioneira, 2002.

ARAÚJO, J. de L. Uma abordagem sociocrítica da modelagem matemática: a perspectiva da educação matemática crítica. **Alexandria – Revista de Educação em Ciência e Tecnologia**, Florianópolis, v. 2, n. 2, p. 55-68, jul. 2009. Disponível em: <https://periodicos.ufsc.br/index.php/alexandria/article/view/37948/28976>. Acesso em: 9 maio 2023.

BARBOSA, J. C. A "contextualização" e a modelagem na educação matemática do ensino médio. In: ENCONTRO NACIONAL DE EDUCAÇÃO MATEMÁTICA, 8., 2004, Recife. **Anais...** Recife: SBEM, 2004. Disponível em: <https://www.academia.edu/4561571/A_contextualizacao_e_a_modelagem_na_educacao_matematica_do_EM>. Acesso em: 9 maio 2023.

BARBOSA, J. C. Modelagem matemática e a perspectiva sociocrítica. In: SEMINÁRIO INTERNACIONAL DE PESQUISA EM EDUCAÇÃO MATEMÁTICA, 2., 2003, Santos. **Anais...** São Paulo: SBEM, 2003. p. 1-13. Disponível em: <https://docplayer.com.br/14786764-Modelagem-matematica-e-a-perspectiva-socio-critica.html>. Acesso em: 25 jul. 2023.

BASSANEZI, R. C. **Ensino-aprendizagem com modelagem matemática:** uma nova estratégia. 4. ed. São Paulo: Contexto, 2002.

BIEMBENGUT, M. S. **Modelagem matemática e implicações no ensino-aprendizagem de matemática.** Blumenau: Ed. da Furb, 1999.

BIEMBENGUT, M. S.; HEIN, N. **Modelagem matemática no ensino.** 4. ed. São Paulo: Contexto, 2005.

BOGDAN, R. C.; BIKLEN, S. K. **Investigação qualitativa em educação:** uma introdução à teoria e aos métodos. Porto: Porto Editora, 1994. (Colecção Ciências da Educação).

BORBA, M. de C.; ARAÚJO, J. de L. (Org.). **Pesquisa qualitativa em educação matemática.** Belo Horizonte: Autêntica, 2013. (Coleção Tendências em Educação Matemática).

BORBA, M. de C.; PENTEADO, M. G. **Informática e educação matemática.** 5. ed. Belo Horizonte: Autêntica, 2007. (Coleção Tendências em Educação Matemática).

BOYER, C. B. **História da matemática.** Tradução de Elza F. Gomide. 2. ed. São Paulo: Blucher, 1996.

BRASIL. Ministério da Educação. Secretaria de Educação Básica. Conselho Nacional de Educação. **Base Nacional Comum Curricular:** educação é a base. Brasília, 2018. Disponível em: <http://basenacionalcomum.mec.gov.br/images/BNCC_EI_EF_110518_versaofinal_site.pdf>. Acesso em: 9 maio 2023.

BRASIL. Ministério da Educação. Secretaria de Educação Fundamental. **Parâmetros curriculares nacionais:** matemática. Brasília, 1997. Disponível em: <http://portal.mec.gov.br/seb/arquivos/pdf/livro03.pdf>. Acesso em: 25 jul. 2023

BURAK, D. **Modelagem matemática**: ações e interações no processo de ensino-aprendizagem. 460 f. Tese (Doutorado em Educação) – Faculdade de Educação, Universidade Estadual de Campinas, Campinas, 1992. Disponível em: <https://www.psiem.fe.unicamp.br/content/modelagem-matematica-acoes-e-interacoes-no-processo-de-ensino-aprendizagem>. Acesso em: 9 maio 2023.

BZUNEK, D. et al. Aplicação da metodologia de análise de erros na disciplina de Matemática. In: ENCONTRO PARANAENSE DE EDUCAÇÃO EM MATEMÁTICA – EPREM, 13., 2015, Ponta Grossa. **Anais...** Ponta Grossa: Ed. da UFPR, 2015. Disponível em: <https://sigpibid.ufpr.br/site/uploads/institution_name/ckeditor/attachments/388/CC35_3.pdf>. Acesso em: 25 dez. 2022.

CARDOSO, V. C.; KATO, L. A. O desenvolvimento de uma atividade de modelagem matemática por meio de vídeos: algumas considerações sobre possíveis estratégias e encaminhamentos. In: CONGRESSO INTERNACIONAL DE ENSINO DA MATEMÁTICA, 6., 2013, Canoas. **Anais...** Canoas: Ulbra, 2013. Disponível em: <http://www.conferencias.ulbra.br/index.php/ciem/vi/paper/viewFile/597/356>. Acesso em: 9 maio 2023.

CARVALHO, A. M. P. de et al. **Ensino de física**. São Paulo: Cengage Learning, 2010.

CUNHA, A. G. da. **Dicionário etimológico Nova Fronteira da língua portuguesa**. 2. ed. rev. e acrescida de um suplemento. Rio de Janeiro: Nova Fronteira, 1986.

D'AMBROSIO, B. S.; D'AMBROSIO, U. Formação de professores de matemática: professor-pesquisador. **Atos de Pesquisa em Educação**, v. 1, n. 1, p. 75-85, jan./abr. 2006. Disponível em: <https://proxy.furb.br/ojs/index.php/atosdepesquisa/article/view/65/33>. Acesso em: 9 maio 2023.

D'AMBROSIO, U. **Etnomatemática**: elo entre as tradições e a modernidade. 2. ed. Belo Horizonte: Autêntica, 2005. (Coleção Tendências em Educação Matemática).

D'AMBROSIO, U. Etnomatemática: uma abordagem inclusiva. **Ubiratan D'Ambrosio**, 19 abr. 2012. Disponível em: <http://professorubiratandambrosio.blogspot.com.br/2012/04/etnomatematica-uma-abordagem-inclusiva.html>. Acesso em: 18 abr. 2023.

DAVIS, P. J. Applied Mathematics as a Social Instrument. In: NISS, M.; BLUM, W.; HUNTLEY, I. (Ed.). **Teaching of Mathematical Modelling and Applications**. Chichester, Inglaterra: Ellis Horwood, 1991. p. 10-29.

DOROW, K. C.; BIEMBENGUT, M. S. Mapeamento das pesquisas sobre modelagem matemática no ensino brasileiro: análise das dissertações e teses desenvolvidas no Brasil. **Dynamis**, v. 1, n. 14, p. 54-61, jan./mar. 2008. Disponível em: <http://proxy.furb.br/ojs/index.php/dynamis/article/view/651>. Acesso em: 9 maio 2023.

FAZENDA, I. C. A. **Integração e interdisciplinaridade no ensino brasileiro**: efetividade ou ideologia. 6. ed. São Paulo: Loyola, 2011.

FAZENDA, I. C. A. **Interdisciplinaridade**: história, teoria e pesquisa. 18. ed. Campinas: Papirus, 2012.

FAZENDA, I. C. A. **Interdisciplinaridade**: um projeto em parceria. 5. ed. São Paulo: Loyola, 2002.

FERREIRA, A. B. de H. **Miniaurélio século XXI escolar**: o minidicionário da língua portuguesa. 4. ed. Rio de Janeiro: Nova Fronteira, 2001.

FERRUZZI, E. C. **A modelagem matemática como estratégia de ensino e aprendizagem do cálculo diferencial e integral nos cursos superiores de tecnologia**. 154 p. Dissertação (Mestrado em Engenharia de Produção e Sistemas) – Universidade Federal de Santa Catarina, Florianópolis, 2003. Disponível em: <https://repositorio.ufsc.br/bitstream/handle/123456789/84624/190478.pdf?sequence=1>. Acesso em: 9 maio 2023.

FIGUEIREDO, F. F.; BISOGNIN, E. A modelagem matemática e o ensino de funções afins. In: JORNADA NACIONAL DE EDUCAÇÃO, 12.; CONGRESSO INTERNACIONAL EM EDUCAÇÃO: EDUCAÇÃO E SOCIEDADE – PERSPECTIVAS EDUCACIONAIS DO SÉCULO XXI, 2., 2006, Santa Maria. **Anais...** Santa Maria: Unifra, 2006. v. 1. Disponível em: <http://www.unifra.br/eventos/jornadaeducacao2006/2006/pdf/artigos/

matem%C3%A1tica/a%20modelagem%20matem%C3%81tica%20e%20o%20 ensino%20de%20fun%C3%87%C3%95es%20afins.pdf>. Acesso em: 9 maio 2023.

FRANCISCHETT, M. N. **O entendimento da interdisciplinaridade no cotidiano**. Biblioteca On-line de Ciências da Comunicação. Universidade Estadual do Oeste do Paraná, 2005. Disponível em: <http://www.bocc.ubi.pt/pag/francishett-mafalda-entendimento-da-interdisciplinaridade.pdf>. Acesso em: 9 maio 2023.

FREIRE, P. **Pedagogia do oprimido**. 17. ed. Rio de Janeiro: Paz e Terra, 1987.

GARDNER, H. **Inteligências múltiplas**: a teoria na prática. Tradução de Maria Adriana Verissimo Veronese. Porto Alegre: Artes Médicas, 1995.

GÓES, A. R. T. **Uma metodologia para a criação de etiqueta de qualidade no contexto de descoberta de conhecimento em bases de dados**: aplicação nas áreas elétrica e educacional. 146 f. Tese (Doutorado em Métodos Numéricos em Engenharia) – Universidade Federal do Paraná, Curitiba, 2012. Disponível em: <http://acervodigital.ufpr.br/bitstream/handle/1884/28381/R%20-%20T%20-%20ANDERSON%20ROGES%20TEIXEIRA%20GOES.pdf?sequence=1&isAllowed=y>. Acesso em: 25 jul. 2023.

GÓES, A. R. T.; GÓES, H. C. A expressão gráfica por meio de pipas na educação matemática. In: ENCONTRO NACIONAL DE EDUCAÇÃO MATEMÁTICA – ENEM, 11., 2013, Curitiba. **Anais...** Guarapuava: SBEM-PR, 2013. p. 1-8. Disponível em: <http://docplayer.com.br/4193128-A-expressao-grafica-por-meio-de-pipas-na-educacao-matematica.html>. Acesso em: 9 maio 2023.

GÓES, A. R. T.; GÓES, H. C. Aplicação da pesquisa operacional no ensino médio por meio da expressão gráfica. In: CONGRESSO LATINO-IBEROAMERICANO DE INVESTIGACIÓN OPERATIVA – CLAIO, 16.; SIMPÓSIO BRASILEIRO DE PESQUISA OPERACIONAL – SBPO, 44., 2012, Rio de Janeiro. **Anais...** Rio de Janeiro: Claio; SBPO, 2012. p. 993-1003. Disponível em: <http://www.din.uem.br/sbpo/sbpo2012/pdf/arq0245.pdf>. Acesso em: 9 maio 2023.

GÓES, A. R. T.; GÓES, H. C. **Ensino da matemática**: concepções, metodologias, tendências e organização do trabalho pedagógico. Curitiba: InterSaberes, 2015.

GÓES, A. R. T.; LUZ, A. A. B. dos S. Maquete: uma experiência no ensino da geometria plana e espacial. In: SIMPÓSIO NACIONAL DE GEOMETRIA DESCRITIVA E DESENHO TÉCNICO, 19.; INTERNATIONAL CONFERENCE ON GRAPHICS ENGINEERING OF ARTS AND DESIGN (GRAPHICA), 8., 2009, Bauru. **Anais...** São Paulo: Unesp; Bauru: Graphica, 2009.

GÓES, H. C. **Expressão gráfica**: esboço de conceituação. 123 p. Dissertação (Mestrado em Educação em Ciências e em Matemática) – Universidade Federal do Paraná, Curitiba, 2012. Disponível em: <http://www.exatas.ufpr.br/portal/ppgecm/wp-content/uploads/sites/27/2016/03/011_HelizaCola%C3%A7oG%C3%B3es.pdf>. Acesso em: 9 maio 2023.

INSTITUTO PAULO MONTENEGRO. **Nossa escola pesquisa sua opinião – Nepso**. Disponível em: <http://www.nepso.net>. Acesso em: 9 maio 2023.

JAPIASSU, H. F. **Interdisciplinaridade e patologia do saber**. Rio de Janeiro: Imago, 1976.

KAISER, G.; SRIRAMAN, B. A Global Survey of International Perspectives on Modelling in Mathematics Education. **ZDM – The International Journal on Mathematics Education**, v. 38, n. 3, p. 302-310, May 2006. Disponível em: <https://www.researchgate.net/publication/225805678_A_global_survey_of_international_perspectives_on_modelling_in_mathematics_education_ZDM_383_302-310>. Acesso em: 9 maio 2023.

KESSELRING, T. **Jean Piaget**. Tradução de Antônio Estevão Allgayer e Fernando Becker. Petrópolis: Vozes, 1993.

LOZADA, C. de O.; MAGALHÃES, N. S. A importância da modelagem matemática na formação de professores de Física. In: SIMPÓSIO NACIONAL DE ENSINO DE FÍSICA, 18., 2009, Vitória. **Anais...** Vitória: Unifesp, 2009. Disponível em: <http://www.sbf1.sbfisica.org.br/eventos/snef/xviii/sys/resumos/T0202-2.pdf>. Acesso em: 9 maio 2023.

LÜDKE, M.; ANDRÉ, M. E. D. A. **Pesquisa em educação**: abordagens qualitativas. São Paulo: EPU, 1986. (Coleção Temas Básicos de Educação e Ensino).

LUNA, A. V. de A. Modelagem matemática nas séries iniciais do ensino fundamental: um estudo de caso no 1º ciclo. In: CONFERÊNCIA INTERAMERICANA DE EDUCAÇÃO MATEMÁTICA, 12., 2007, Santiago de Querétaro. **Anais...** Santiago de Querétaro: Comitê Interamericano de Educação Matemática, 2007. p. 1-10. Disponível em: <http://www.educadores.diaadia.pr.gov.br/arquivos/File/2010/artigos_teses/2010/Matematica/artigo_luna.pdf>. Acesso em: 9 maio 2023.

MARQUES, M. J. D. V. A importância da disciplinaridade, interdisciplinaridade, transdisciplinaridade, transversalidade e multiculturalidade para a docência na educação. In: SEMINÁRIO DE PESQUISA DO NUPEPE, 2., 2010, Uberlândia. **Anais...** Uberlândia: Nupepe, 2010. p. 274-291. Disponível em: <http://docplayer.com.br/12565024-Anais-do-ii-seminario-de-pesquisa-do-nupepe-uberlandia-mg-p-274-291-21-e-22-de-maio-2010.html>. Acesso em: 9 maio 2023.

MILLS, C. B. **Projetando com maquetes**: um guia para a construção e o uso de maquetes como ferramenta de projeto. Tradução de Alexandre Salvaterra. 2. ed. Porto Alegre: Bookman, 2007.

MORIN, E. **A cabeça bem-feita**: repensar a reforma, reformar o pensamento. Tradução de Eloá Jacobina. 21. ed. Rio de Janeiro: Bertrand Brasil, 2018.

MORIN, E. **Ciência com consciência**. Tradução de Maria D. Alexandre e Maria Alice Sampaio Dória. 8. ed. Rio de Janeiro: Bertrand Brasil, 2005a.

MORIN, E. **Ensinar a viver**: manifesto para mudar a educação. Tradução de Edgard de Assis Carvalho e Mariza Perassi Bosco. Porto Alegre: Sulina, 2015.

MORIN, E. **Introdução ao pensamento complexo**. Porto Alegre: Sulina, 2005b.

MORIN, E.; LE MOIGNE, J-L. **A inteligência da complexidade**. São Paulo: Peirópolis, 2000.

NICOLESCU, B. **O manifesto da transdisciplinaridade**. Tradução de Lucia Pereira de Souza. 2. ed. São Paulo: Triom, 2001.

NIEMANN, F. de A.; BRANDOLI, F. M. Jean Piaget: um aporte teórico para o construtivismo e suas contribuições para o processo de ensino e aprendizagem da Língua Portuguesa e da Matemática. In: SEMINÁRIO DE PESQUISA EM EDUCAÇÃO DA REGIÃO SUL – ANPED SUL, 9., 2012, Caxias do Sul.

Anais... Caxias do Sul: Anped Sul, 2012. Disponível em: <https://silo.tips/download/flavia-de-andrade-niemann-upf-fernanda-maria-brandoli-upf>. Acesso em: 9 maio 2023.

PASSOS, C. M. dos. **Etnomatemática e educação matemática crítica**: conexões teóricas e práticas. 154 f. Dissertação (Mestrado em Educação) – Faculdade de Educação, Universidade Federal de Minas Gerais, Belo Horizonte, 2008. Disponível em: <http://www.ime.usp.br/~brolezzi/carolinepassos.pdf>. Acesso em: 9 maio 2023.

PENTEADO, D. R.; FERNANDES, V.; BURAK, D. Modelagem matemática na educação infantil e relações possíveis com o paradigma emergente: o relato de uma experiência. In: ENCONTRO PARANAENSE DE EDUCAÇÃO MATEMÁTICA – EPREM, 12., 2014, Campo Mourão. **Anais...** Campo Mourão: Sbem-PR, 2014. Disponível em: <http://sbemparana.com.br/arquivos/anais/epremxii/ARQUIVOS/COMUNICACOES/CCTitulo/CC042.PDF>. Acesso em: 9 maio 2023.

PHPSIMPLEX. Disponível em: <http://www.phpsimplex.com/simplex/simplex.htm?l=pt>. Acesso em: 9 maio. 2023.

PIAGET, J. **Epistemologia genética**. Tradução de Nathanael C. Caixeira. Petrópolis: Vozes, 1970.

POLYA, G. **A arte de resolver problemas**: um novo aspecto do método matemático. Tradução de Heitor Lisboa de Araújo. Rio de Janeiro: Interciência, 1978.

POMBO, O. A interdisciplinaridade: conceito, problemas e perspectivas. In: POMBO, O.; LEVY, T.; GUIMARÃES, H. (Org.). **A interdisciplinaridade**: reflexão e experiência. 2. ed. Lisboa: Texto, 1994. p. 8-14.

PONTE, J. P. da; BROCARDO, J.; OLIVEIRA, H. **Investigações matemáticas na sala de aula**. Belo Horizonte: Autêntica, 2005. (Coleção Tendências em Educação Matemática).

POZO, J. I.; ECHEVERRÍA, M. del P. P. Aprender a resolver problemas e resolver problemas para aprender. In: POZO, J. I. (Org.). **A solução de problemas**: aprender a resolver, resolver para aprender. Porto Alegre: Artmed, 1998. p. 13-43.

PROENÇA, G. **História da arte**. 17. ed. São Paulo: Ática, 2010.

PUCCINI, A. de L. **Introdução à programação linear.** Rio de Janeiro: LTC, 1975. (Série Aplicações de Computadores).

ROSA, M.; OREY, D. C. Vinho e queijo: etnomatemática e modelagem! **Bolema**, Rio Claro, v. 16, n. 20, p. 1-16, set. 2003. Disponível em: <http://matpraticas.pbworks.com/w/file/fetch/108830845/10541-56308-1-PB.pdf>. Acesso em: 9 maio 2023.

ROZAL, E. F. **Modelagem matemática e os temas transversais na educação de jovens e adultos.** 165 f. Dissertação (Mestrado em Educação em Ciências e Matemáticas) – Universidade Federal do Pará, Belém, 2007. Disponível em: <http://www.educadores.diaadia.pr.gov.br/arquivos/File/2010/artigos_teses/2010/Matematica/dissertacao_edilene_farias_rozal.pdf>. Acesso em: 9 maio 2023.

ROZESTRATEN, A. S. **Estudo sobre a história dos modelos arquitetônicos na Antiguidade**: origens e características das primeiras maquetes de arquiteto. 283 p. Dissertação (Mestrado em Arquitetura e Urbanismo) – Faculdade de Arquitetura e Urbanismo, Universidade de São Paulo, São Paulo, 2003. Disponível em: <http://www.teses.usp.br/teses/disponiveis/16/16131/tde-09062009-145825/pt-br.php>. Acesso em: 9 maio 2023.

ROZESTRATEN, A. S. O desenho, a modelagem e o diálogo. **Arquitextos**, São Paulo, ano 7, nov. 2006. Disponível em: <http://www.vitruvius.com.br/revistas/read/arquitextos/07.078/299>. Acesso em: 9 maio. 2023.

SARMENTO, A. K. C. A utilização dos materiais manipulativos nas aulas de matemática. In: ENCONTRO DE PESQUISA EM GRADUAÇÃO DA UFPI, 6., 2010, Teresina. **Anais...** Teresina: UFPI, 2010. p. 1-12. Disponível em: <http://leg.ufpi.br/subsiteFiles/ppged/arquivos/files/VI.encontro.2010/GT_02_18_2010.pdf>. Acesso em: 9 maio 2023.

SILVEIRA, J. F. P. da. **O que é um problema matemático?** 14 mar. 2001. Disponível em: <http://www.mat.ufrgs.br/~portosil/resu1.html>. Acesso em: 9 maio 2023.

SKOVSMOSE, O. **Educação matemática crítica**: a questão da democracia. Tradução de Abgail Lins e Jussara de Loiola Araújo. Campinas: Papirus, 2001. (Coleção Perspectivas em Educação Matemática).

SKOVSMOSE, O. Guetorização e globalização: um desafio para a educação matemática. Tradução de Jefferson Biajone. **Zetetike**, v. 13, n. 24, p. 113-142, jul./dez. 2005. Disponível em: <https://periodicos.sbu.unicamp.br/ojs/index.php/zetetike/article/view/8646990/13891>. Acesso em: 9 maio 2023.

SKOVSMOSE, O. Reflective Knowledge: its Relation to the Mathematical Modelling Process. **International Journal of Mathematical Education in Science and Technology**, London, v. 21, n. 5, p. 765-779, 1990.

TADIOTTO, I. V. de A.; NATTI, P. L. **Internet e a matemática do ensino fundamental e médio**. Londrina: Secretaria do Estado da Educação; Universidade de Londrina; Programa de Desenvolvimento Educacional do Paraná, 2008. Disponível em: <http://www.diaadiaeducacao.pr.gov.br/portals/pde/arquivos/1497-8.pdf>. Acesso em: 9 maio 2023.

TANESE, D. C. et. al. Materiais pedagógicos para o ensino da matemática: material dourado. In: MOURA, M. O. de. **Metodologia do Ensino de Matemática**. São Paulo: Faculdade de Educação da USP, 1999. Disponível em: <http://paje.fe.usp.br/~labmat/edm321/1999/material/_private/material_dourado.htm>. Acesso em: 9 maio 2023.

TEIXEIRA, E. **As três metodologias**: acadêmica, da ciência e da pesquisa. 7. ed. Petrópolis: Vozes, 2010.

TOMAZ, V. S.; DAVID, M. M. M. S. **Interdisciplinaridade e aprendizagem da matemática em sala de aula**. Belo Horizonte: Autêntica, 2012. (Coleção Tendências em Educação Matemática).

Bibliografia Comentada

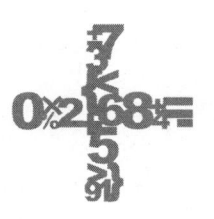

BORBA, M. de C.; PENTEADO, M. G. **Informática e educação matemática**. 5. ed. Belo Horizonte: Autêntica, 2007. (Coleção Tendências em Educação Matemática).

Os autores apresentam exemplos de uso da tecnologia com estudantes e professores de Matemática, além de debater sobre as políticas públicas para essa área.

BOYER, C. B. **História da matemática**. Tradução de Elza F. Gomide. 2. ed. São Paulo: Blucher, 1996.

Esse livro apresenta diversos tópicos relacionados ao tema, desde as primeiras bases numéricas, como o homem começou a contar, passando por diversas civilizações e chegando a problemas modernos e às tendências da matemática no século XX.

D'AMBROSIO, U. **Etnomatemática**: elo entre as tradições e a modernidade. 2. ed. Belo Horizonte: Autêntica, 2005. (Coleção Tendências em Educação Matemática).

O autor apresenta uma análise do papel da matemática na cultura ocidental e discorre sobre como ela pode ser relevante em sala de aula.

MEYER, J. F. da C. de A.; CALDEIRA, A. D.; MALHEIROS, A. P. dos S. **Modelagem em educação matemática**. Belo Horizonte: Autêntica, 2011. (Coleção Tendências em Educação Matemática).

Essa obra trata de reflexões que partem de práticas relacionadas à modelagem matemática, principalmente como forma de estratégia em que o estudante ocupa lugar central na escolha de seu currículo.

POLYA, G. **A arte de resolver problemas: um novo aspecto do método matemático**. Tradução de Heitor Lisboa de Araújo. Rio de Janeiro: Interciência, 1978.

Nesse livro, o autor traz a metodologia de resolução de problemas, sendo uma das mais importantes obras sobre o assunto. Além disso, define quatro etapas para ajudar os estudantes a resolverem problemas.

POSKITT, K. **Matemática mortífera**. Tradução de Zsuzsanna Spiry. São Paulo: Melhoramentos, 2010. (Coleção Saber Horrível).

Obra que tem a finalidade de propor exercícios nos quais a ciência dos números pode auxiliar o leitor a resgatar alguém que esteja em situação de perigo. De maneira lúdica e simples, são ensinados diversos conceitos, como semelhanças de triângulos, potenciação, potência de dez, simetria, história da matemática e muito mais. Essa obra é indicada para crianças de 8 a 11 anos de idade.

POZO, J. I.; ECHEVERRÍA, M. del P. P. Aprender a resolver problemas e resolver problemas para aprender. In: POZO, J. I. (Org.). **A solução de problemas**: aprender a resolver, resolver para aprender. Porto Alegre: Artmed, 1998. p. 13-43.

Nesse livro, os autores mostram a metodologia de resolução de problemas, segundo a qual os estudantes desenvolvem a capacidade de aprender a aprender, fazendo com que encontrem respostas às perguntas em vez de esperar uma resposta pronta ou transmitida pelo professor.

PUCCINI, A. de L. **Introdução à programação linear**. Rio de Janeiro: LTC, 1975. (Série Aplicações de Computadores).

Essa obra apresenta o método Simplex, com diversos exemplos didáticos que fazem o leitor compreender o método e aplicá-lo em outros problemas e exercícios que estão incluídos no livro.

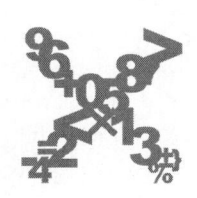

Respostas

Capítulo 1

Atividades de autoavaliação

1. d
2. b
3. c
4. b
5. a

Atividades de aprendizagem

Questões para reflexão

1. A maquete é um modelo físico de um objeto ou construção representada em escala. Esse recurso é utilizado no cotidiano quando profissionais pretendem transmitir a seus clientes ideias, concepções e funcionalidades de equipamentos, construções, entre outros. Na educação, a maquete é utilizada para a compreensão de diversos conceitos, não somente matemáticos, pois podemos utilizá-la para explicar, por exemplo, as ligações moleculares na disciplina de Biologia. No entanto, é evidente que esse recurso contribui

muito para a disciplina de Matemática, visto que, por meio dele, podemos tratar, por exemplo, da geometria de maneira manipulável.

2. Muitas são as contribuições da modelagem matemática nas mais variadas empresas, indústrias, instituições de ensino etc. Ela está fortemente relacionada aos problemas que denominamos *Timetable* ou *geração de escalas de trabalho*. Esse problema não é de simples solução, sendo necessária a modelagem matemática para transformá-lo em equações algébricas. Feito isso, é utilizado algum *software* ou aplicativo para determinar a solução e, ao final, são analisados os resultados para verificar se são compatíveis com o esperado. Entre as restrições utilizadas nesse tipo de problema temos a quantidade de funcionários que devem trabalhar em determinado horário, a quantidade de dias consecutivos que um funcionário pode trabalhar, a quantidade mínima de horas de descanso entre uma jornada e outra, os intervalos para alimentação, entre tantas outras restrições de cunho trabalhista e de execução do trabalho. Esse tipo de problema também é vivenciado no ambiente escolar e surge sempre no início do ano letivo: trata-se do momento em que a direção escolar deve definir os dias e os horários em que cada professor deve trabalhar, gerando assim a grade horária dos professores. Entre as restrições presentes nesse problema temos que cada sala de aula deve ter um único professor por horário; cada professor deve atender uma única turma por horário; todas as turmas devem ter todas as aulas previstas na semana; e o professor deve estar disponível nos dias em que for designado para trabalhar. Essas restrições são apenas algumas com as quais o gestor da escola se depara no início do ano letivo.

Capítulo 2

Atividades de autoavaliação

1. c
2. a
3. b
4. a
5. b

Atividades de aprendizagem

Questões para reflexão

1. Com a aplicação da modelagem matemática, o estudante torna-se pesquisador, descobre e recorre a diversas fontes de pesquisa e procedimentos. Desse modo, ocorre o desenvolvimento do raciocínio lógico, que pode ser aplicado em diversas outras situações. Por meio dessa tendência da educação matemática, o estudante torna-se mais crítico, não aceitando respostas prontas e finais; assim, torna-se um indivíduo que busca saber o porquê dos fatos e procura ou pesquisa argumentos para que possa discursar sobre o assunto.

2. Ao analisarmos nosso cotidiano, percebemos que ele está repleto de matemática, desde o horário em que nos levantamos até o momento de descansar. Uma situação implícita da modelagem matemática, de modo simplificado, ocorre quando vamos ao supermercado e paramos em frente a uma prateleira para selecionar certo produto. Muitos dos produtos estão embalados em pacotes ou caixas com capacidades diferentes. Geralmente, as pessoas costumam verificar em qual embalagem é mais vantajoso comprar o produto. Perceba que, nesse momento, tem-se uma definição de tema: Qual é mais vantajoso. Na sequência, são realizados diversos cálculos mentais, comparação de marcas, verificação de promoções, como "leve três e pague dois", e se essas promoções são realmente válidas. Dessa maneira, estamos realizando cálculos para levantar hipóteses e questionamentos. Na sequência, em apenas alguns minutos, obtemos a resposta para a compra mediante cálculos realizados com base nas análises feitas. Esse simples exemplo mostra que a modelagem matemática não ocorre somente em sala de aula, mas sim em diversas situações do cotidiano.

Capítulo 3

Atividades de autoavaliação

1. c
2. d
3. b
4. a
5. d

Atividades de aprendizagem

Questões para reflexão

1. As etapas da modelagem matemática são apenas um caminho para o professor, que pode ir e voltar a cada uma delas sem se preocupar com a denominação. Suponha que certo tema foi definido pelos estudantes ou pelo professor para o estudo, mas, ao realizar o levantamento das hipóteses, eles percebem que o tema deve ser alterado. Caso o professor não retome a definição do tema, o trabalho não ocorrerá conforme planejado. É necessário que haja flexibilização na ordem das etapas, de modo que seja possível ir e voltar a cada uma delas quantas vezes for preciso, pois o importante é que o estudante compreenda os conceitos matemáticos envolvidos e como esses conceitos foram utilizados na resolução do problema.
2. Essa metodologia não é exclusiva da matemática, tendo sido usada também em outras áreas do conhecimento, mas com outros nomes. Por exemplo, na física, Carvalho et al. (2010) apresentam problemas e experimentos que seguem a metodologia a seguir: (1) definição do problema; (2) levantamento de hipóteses; (3) construção do plano de trabalho; (4) obtenção dos dados; (5) conclusões. Comparando essa metodologia à modelagem matemática, percebemos que os itens 2, 3 e 4 estão incluídos na etapa 2 de Biembengut (1999). Ainda, Carvalho et al. (2010) utilizam o termo *modelização* para explicitar a etapa em que o professor define quais conceitos devem ser ensinados ou compreendidos pelos estudantes.

Capítulo 4

Atividades de autoavaliação

1. c
2. d
3. a
4. a
5. b

Atividades de aprendizagem

Questões para reflexão

1. Com a modelagem matemática, os estudantes ou o professor definem um tema de estudo e buscam a solução do problema. Ao escolher o tema, o professor não sabe ao certo os caminhos que os estudantes trilharão para

chegar à solução. Durante esse percurso, os estudantes geralmente necessitam de apoio de outras áreas, sendo realizado, desse modo, um trabalho interdisciplinar. A interdisciplinaridade procura exatamente reverter a desfragmentação do currículo, pelo qual os professores desenvolvem somente o que é da própria área de conhecimento.

2. A modelagem matemática contribui fortemente no trabalho interdisciplinar do corpo docente, visto que os estudantes desenvolvem atividades na disciplina de Matemática e, muitas vezes, precisam buscar conceitos em outras disciplinas para resolver o problema proposto. Com isso, as áreas de conhecimento tornam-se mais próximas e o corpo docente percebe que é possível desenvolver metodologias interdisciplinares, proporcionando maior significância aos estudantes com relação aos conceitos que devem compreender.

Capítulo 5

Atividades de autoavaliação

1. c
2. b
3. a
4. d
5. c

Atividades de aprendizagem

Questões para reflexão

1. Considerando as três etapas definidas por Biembengut (1999), vemos que a primeira consiste na definição do tema de estudo. Se o tema foi escolhido pelo professor, esse profissional realizou uma análise, por meio do pensamento, de prováveis conteúdos que seus estudantes precisam compreender. Se o tema foi escolhido pelos estudantes, eles realizaram o processo de pensamento para buscar temas de seu interesse, tendo imagens mentais formadas sobre o assunto. A etapa de definição de hipóteses e levantamento de questionamentos está diretamente ligada ao pensamento, uma vez que estão relacionadas ao "o quê" os estudantes pensam sobre o assunto ou sobre o que pesquisaram. Na última etapa, resolução do modelo matemático e conclusões, o pensamento está presente em todo momento, seja para o desenvolvimento da resolução, seja para a compreensão dos

conceitos necessários à resolução e à formulação das conclusões, que passam primeiro pelo pensamento antes de seu registro.
2. A perspectiva sociocrítica apresenta objetivos pedagógicos que procuram entender de maneira crítica o mundo. Assim, essa perspectiva, por meio da modelagem matemática, busca trabalhar um tema que desenvolva o lado crítico sobre a matemática no cotidiano dos estudantes. Um dos principais objetivos da Matemática apontado pelos Parâmetros Curriculares Nacionais (PCN) é "compreender a cidadania como participação social e política" (Brasil, 1998, p. 7), e a "Matemática é componente importante na construção da cidadania, na medida em que a sociedade se utiliza, cada vez mais, de conhecimentos científicos e recursos tecnológicos, dos quais os cidadãos devem se apropriar" (Brasil, 1997, p. 19), solucionando, dessa forma, o fato indicado nesse mesmo documento, que afirma que "o ensino dessa disciplina pouco tem contribuído para a formação integral do aluno, com vistas à conquista da cidadania" (Brasil, 1997, p. 26).

Capítulo 6

Atividades de autoavaliação

1. d
2. b
3. c
4. a
5. d

Atividades de aprendizagem

Questões para reflexão

1. A modelagem matemática age como instrumento para formar estudantes-pesquisadores. Por meio dela, os estudantes podem vivenciar experiências em que buscam a solução de problemas recorrendo a diversas fontes de pesquisa (livros, jornais, vídeos, textos da internet, desenhos, entrevistas, entre outros) e, assim, tornam-se o agente principal de uma pesquisa: o pesquisador. O pesquisador é uma pessoa que não aceita todas as informações como verdadeiras; ele busca verificar ou descobrir se o informado é realmente verídico. Com isso, o estudante torna-se crítico e busca compreender melhor seu mundo e os conceitos escolares e científicos que estão presentes ao seu redor.

2. As fases de uma pesquisa apresentadas no capítulo são: definição da proposta; formulação das hipóteses; coletas de dados; análise dos dados; e redação do relatório. Já as etapas definidas por Biembengut (1999) são: definição do tema; levantamento de hipóteses e questionamentos; e resolução do modelo. Desse modo, relacionando a modelagem matemática com a pesquisa, vemos que a primeira etapa proposta por Biembengut (1999) está inserida na primeira fase de uma pesquisa, ou seja, na definição da proposta ou do tema de estudo. A segunda etapa da modelagem matemática está relacionada à segunda (formulação das hipóteses) e à terceira (coletas de dados) fases da pesquisa, na qual os estudantes devem formular hipóteses e, por meio de coletas de dados, elaborar novos questionamentos. A última etapa da modelagem matemática, a resolução do modelo, está relacionada às duas últimas fases da pesquisa: análise dos dados e redação do relatório, bem como à fase anterior, coletas de dados: é nessa etapa que estudantes elaboram o modelo matemático, resolvem e elaboram a análise. Assim, é possível perceber que a modelagem matemática é um tipo de pesquisa no ambiente escolar.

SOBRE OS AUTORES

Anderson Roges Teixeira Góes é doutor (2012) e mestre (2005) em Métodos Numéricos em Engenharia pela Universidade Federal do Paraná (UFPR); especialista (2010) em Tecnologias em Educação pela Pontifícia Universidade Católica do Rio de Janeiro (PUC-Rio); especialista (2003) em Desenho Aplicado ao Ensino da Expressão Gráfica pela UFPR; e licenciado (2001) em Matemática pela mesma instituição. Atuou como professor da educação básica durante 14 anos nas disciplinas de Matemática e Desenho Geométrico. Atualmente, é professor efetivo do Departamento de Expressão Gráfica do Programa de Pós-Graduação em Educação – Teoria e Prática de Ensino e do Programa de Pós-Graduação em Educação em Ciências e em Matemática, ambos na UFPR. Tem experiência na área de educação – tecnologia educacional, tecnologia assistiva, educação inclusiva, desenho universal, desenho universal para aprendizagem e expressão gráfica na educação matemática – e em pesquisa operacional – *Knowledge Discovery in Database* (KDD) e otimização na construção de grade horária. É líder do Grupo de Estudos e Pesquisas em Educação, Tecnologias e Linguagens (GepeTel) e coordenador de área do subprojeto matemática do Programa Institucional de Bolsas de Iniciação à Docência (Pibid) da UFPR desde 2016.

Heliza Colaço Góes é doutora (2021) em Educação pela Universidade Federal do Paraná (UFPR); mestre (2012) em Educação em Ciências e em Matemática pela mesma instituição; especialista (2010) em Matemática pelas Faculdades Integradas de Jacarepaguá (FIJ); e licenciada (2006) em Matemática pela Pontifícia Universidade Católica do Paraná (PUCPR). Atualmente, é professora efetiva do Instituto Federal do Paraná (IFPR), *campus* Curitiba. É líder do Grupo de Estudos e Pesquisas das Relações Interdisciplinares da Expressão Gráfica (Geprieg) do IFPR e vice-líder do Grupo de Estudos e Pesquisas sobre Complexidade, Formação de Professores e Educação Matemática: Tessitura, da UFPR, atuando em linhas de pesquisa que mostram as relações existentes entre a complexidade, a expressão gráfica e a educação matemática e as demais áreas do conhecimento e desenvolvendo novas metodologias de ensino com o auxílio de recursos tecnológicos e no âmbito da formação de professores que ensinam matemática.

Impressão:
Agosto/2023